BANQUETES MORTAIS

Tradução
Ebréia de Castro Alves

Revisão Técnica
Dr. Carlos Roberto Gayer de Menezes
Farmacêutico-Bioquímico
Chefe do Laboratório de Bioquímica Clínica
do CTI do Hospital Naval Marcílio Dias

RICHARD RHODES
Vencedor do Prêmio Pulitzer

BANQUETES MORTAIS

Uma Nova Epidemia

Um alerta sobre os
vírus que ameaçam
nosso cotidiano

CORTESIA
EDITORA
CAMPUS

Do original:
Deadly feasts
Tradução autorizada do idioma inglês da edição publicada por Simon & Schuster

Capa:
Claudia Lopes Mendes

Editoração Eletrônica:
Futura

Créditos das fotos:
páginas: 18, 19, 22, 31, 34, 43, 151 e 211. D. Carleton Gajdusek.
Página 37: Grant Dahmer. Página 81: C. J. Gibbs, Jr.

Copidesque
Marcus Antunes Penchel

Revisão Técnica
Dr. Carlos Roberto Gayer de Menezes

Revisão Gráfica:
Elizabeth Muniz
Lucia Duarte Moreira

Projeto Gráfico:
Editora Campus Ltda.
A Qualidade da Informação
Rua Sete de Setembro, 111 – 16º andar
20050-002 Rio de Janeiro RJ Brasil
Telefone: (021) 509-5340 FAX (021) 507-1991
E-Mail: *info@campus.com.br*
ISBN 85-352-0313-3
(Edição original: ISBN 0-684-82360-8 – Simon & Schuster – Rockfeller Center, 1230 Avenue of the Americas – New York – USA)

Ficha Catalográfica
CIP-Brasil. Catalogação-na-fonte.
Sindicato Nacional dos Editores de Livros, RJ

R362b Rhodes, Richard
Banquetes mortais: uma nova epidemia/
Richard Rhodes; tradução Ebréia de Castro Alves. –
Rio de Janeiro: Campus, 1998

Tradução de: Deadly feasts
Inclui apêndice
ISBN 85-352-0313-3

1. Doença de vaca-louca no homem. 2. Encefalopatia espongiforme. 3. Canibalismo. 4. Vigilância sanitária. I. Título.

98-1084 CDD 614.57
CDU 614.4

98 99 00 01 6 5 4 3 2 1

À Ginger

O autor agradece à Fundação Alfred P. Sloan pela concessão de uma bolsa de viagem.

A história do mundo, meu amor,
é a história de quem come e de quem é comido.

Sweeney Todd

AGRADECIMENTOS

CARLETON GAJDUSEK generosamente mostrou-me artigos e anotações e concedeu-me dias de entrevistas, mesmo em uma fase de grandes problemas pessoais.

Pelas entrevistas e informações e pelos documentos, agradeço a Joe Gibbs e Paul Brown, do INH; Bill Hadlow, Bruce Chesebro e Bryan Caughey de Hamilton, Montana; Shirley Lindenbaum, de Manhattan; Patricia e George Merz, da Ilha Staten; Alan Dickinson, Hugh e Janet Fraser, de Edimburgo; John Collinge, de Londres; Richard Lacey, em Leeds; Mike Alpers, em Sydney; Fred Brown, na Ilha de Plum; Raymond Hintz, em Palo Alto; John Honstead, da FDA. Charles Mgone recebeu-me em Goroka e encontrou tempo para providenciar minha viagem ao Fore do Sul. George Koki dirigiu até lá durante quatro penosas horas e foi meu guia em Waisa. Campbell Crilly, de Cairns, conseguiu restaurar Ginger. Gil e Anita Elliott tomaram todas as providências e fizeram de minha visita a Londres um prazer. Miranda McMinn emprestou-me documentos. Malcolm Withers e Kenteas Brine deram-me uma visão dos bastidores do Parlamento.

Grato a Doron Weber e à diretoria da Fundação Alfred P. Sloan por me terem propiciado recursos financeiros e a

Mary Freedman e Larry Norton, da Biblioteca Pequot, pela administração de subsídios para minhas viagens.

George Klein, de Estocolmo, foi muito generoso ao me dar conselhos e sugestões e analisar o manuscrito do livro. Assim como minha filha Kate e seu marido Jacques Perrault, ambos biólogos especializados em biologia molecular. Norman Charles foi meu consultor de oftalmologia. Quaisquer erros meus que tenham passado despercebidos a essas pessoas são de minha exclusiva responsabilidade. Gail Harris, da Biblioteca Médica Cushing da Universidade de Yale, localizou centenas de documentos. Helen Haversat transcreveu eficientemente entrevistas cheias de jargão neurológico e biológico.

Mort Janklow e Anne Sibbaldi acenderam a tocha e a mantiveram acesa. Michael Korda dirigiu o trabalho com a argúcia habitual.

Minha mulher, Ginger Rhodes, organizou nossas viagens, gravou as entrevistas, fotografou, supervisionou as transcrições e reviu todos os capítulos. Ela merece, de qualquer forma, a dedicatória deste livro, mas fez por onde.

SUMÁRIO

Ao Leitor, xi

Parte Um: Entre os canibais, 1

1. Eu devoro você, 3
2. Kuru, 10
3. Creutzfeldt e Jakob, 30
4. Cruzando a barreira das espécies, 52
5. Vida e morte de Georgette, 72
6. A ligação canibal, 89

Parte Dois: O mais estranho de toda a biologia, 99

7. A doença que não pode ser erradicada, 100
8. Neocanibalismo de alta tecnologia, 121
9. Crianças contaminadas, 134
10. Um candidato a certa maravilha moderna, 145

Parte Três: Deus disfarçado de vírus, 165

11. A carne volta a atacar, 166
12. O gelo-nove, 190
13. É o kuru, exclusivamente o kuru, 214

Glossário, 251
Índice, 257

AO LEITOR

A AMEAÇA DO VÍRUS Ebola tem povoado nossos pesadelos desde que Richard Preston publicou sua "impressionante história verídica" *The Hot Zone* em 1994 (ed. bras.: *Zona Quente*, Rocco). O Ebola se esconde na floresta tropical africana; todavia, uma enfermidade ainda mais letal que o Ebola começou a ceifar a vida de jovens na Inglaterra e na França. O Ebola é terrorista: ele faz as pessoas adoecerem rapidamente e poupa a vida de pelo menos uma em dez pessoas. A nova doença é um agente furtivo: permanece sorrateiramente incubada durante anos e mata até a última vítima contaminada. O Ebola é uma doença que se caracteriza por febre e sangramento semelhante ao cólera e que mata rápida e até piedosamente. O novo mal é uma atrocidade em matéria de destruição – começa com dores de cabeça, ataxia e depois alucinações, paralisia, convulsões e coma – e se prolonga terrivelmente por meses. O cérebro das vítimas torna-se esponjoso, suas mentes se embotam e elas perdem a capacidade de andar, falar, ver, engolir e sucumbem lentamente, sufocadas com pneumonia ou mortos de fome.

O Ebola é capaz de sobreviver fora do corpo no máximo alguns dias. A luz do sol o mata. Assim como os raios ultravioleta. O agente da nova enfermidade se recusa a morrer. Atacá-lo com vapor pressurizado superquente nas autoclaves que os hospitais utilizam para esterilizar instrumentos cirúrgicos apenas retarda seu efeito. O vírus permanece letal mesmo após horas de intenso bombardeio de altas radiações, meses depois de mantido em formol, anos depois de enterrado e após décadas de congelamento. Ele consegue sobreviver até a uma fornalha causticante a mais de 300 graus centígrados.

Ainda não se sabe com certeza como o Ebola se propaga, mas os cientistas sabem que é um vírus. Com o tempo, uma vacina vai nos proteger da ameaça. Mas o agente da nova enfermidade não se transforma em vírus no cérebro das vítimas. Ele transcende as barreiras da espécie e da imunidade. Existem provas de que se trata de uma semente daninha, uma proteína equivocada, um cristal malformado que obriga o cérebro a se envenenar. Se isso for mesmo verdade, trata-se de um novo tipo de doença que não poderá ser erradicada.

Sabe-se como esse novo mal se espalha: ele se dissemina no canibalismo entre animais, ele se dissemina no canibalismo industrial de restos de animais com que se alimentam outros animais, ele se dissemina também pela ingestão de carne bovina.

Nada do que você vai ler é ficção. Nenhum nome foi alterado. Por mais hediondo que pareça, todas as palavras deste livro são a expressão da verdade.

Richard Rhodes

Parte Um

Entre os canibais

Primeira Conexão...

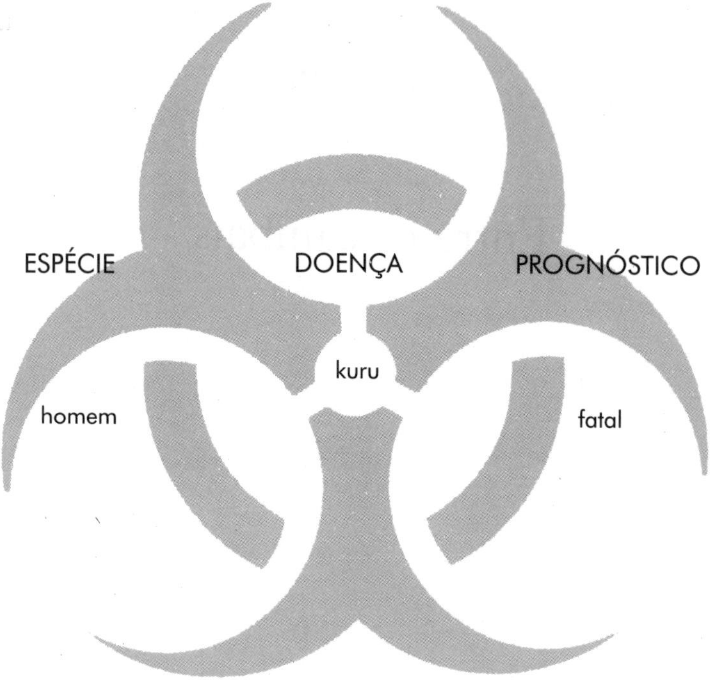

1
Eu devoro você

Fore do Sul, Serra Oriental da Nova Guiné, 1950

NOITE ESCURA NAS montanhas; não há barulho de tambores. Não se ouve nenhuma música de flauta, como canto de pássaros vindo da floresta acima do povoado – os homens controlavam as flautas, e aquilo era tarefa de mulheres, secreta e deliciosa, doce vingança. Compadecidas em seu luto, mas também ansiosas, as parentes da mulher morta carregaram o corpo frio e nu para sua plantação de batata-doce cercada de flores. Não a deixariam apodrecer no chão. Sessenta mulheres ou mais, com os bebês e filhinhos à volta, empilharam lenha, acenderam fogueiras cujas chamas se refletiam nos seus olhos e brilhavam nas peles morenas enrugadas. A filha da morta e a mulher de seu filho adotivo pegaram facas de bambu com lâminas de silicato afiadas como vidro e começaram a retalhar o corpo para a cerimônia.

A Nova Guiné era o último reduto selvagem da terra. Sua feroz reputação repelia os exploradores. Os nativos cujas canoas virassem próximas dali nadavam para o outro lado. O capitão Bligh, expulso do *Bounty* após o famoso motim da tripulação, manteve-se também à distância da violenta ilha. É a maior do mundo depois da Groenlândia, com 2.400km de extensão e 700km de largura, em forma de dinossauro e com uma cordilheira central como eixo, elevando-se do Pacífico Ocidental logo abaixo do Equador, ao norte da Austrália e a leste de Sumatra e Bornéu. Mangues empesteavam suas costas tropicais; o interior montanhoso era protegido por florestas tropicais impenetráveis infestadas de sanguessugas. O povo era melanésio – pescadores, caçadores e agricultores da Idade da Pedra, negros baixos e musculosos de cabelos encarapinhados, divididos em mil grupos guerreiros tão isolados entre si por conflitos e terreno difícil que falavam mais de setecentas línguas, isto é, a cacofonia de uma só ilha representando a metade dos idiomas do mundo.

À época em que as naus holandesas, alemãs e inglesas começaram a ancorar na foz dos grandes rios de maré da ilha, em meados do século XIX, era de conhecimento geral entre os europeus que os selvagens da Nova Guiné eram canibais. Mas, há canibais e canibais: guerreiros que devoram os inimigos por odiá-los, mas também parentes que comem parentes num banquete mortal de amor. As mulheres fores comiam seus parentes. "O estômago é o cemitério deles" – diz um observador. "Eu devoro você" é uma saudação fore.

Na plantação, à luz da fogueira, as filhas da morta lavaram-lhe os pulsos e tornozelos, serraram a rígida cartilagem, deslocaram-lhe os ossos e passaram as mãos morenas e enrugadas e os pés largos, achatados, à mulher do irmão dela e à mulher do filho de sua irmã. As filhas cortaram ao comprido a pele dos braços e pernas e arrancaram os músculos, distribuindo-os em nacos gotejantes aos parentes e amigos presentes na multidão ansiosa de mulheres. Abriram o peito e a barriga flácida da mulher e o cheiro da morte flutuou entre as trepadeiras de batata-doce. Do corpo saiu o pesado fígado violáceo, a pequena bolsa verde da vesícula foi cortada cuidadosamente e a bílis jogada fora. Saiu também o coração vermelho-escuro com sangue coagulado. Depois, retiraram as tripas, de brilho opaco. Até as fezes seriam comidas, misturadas a samambaias comestíveis e cozidas em folhas de bananeira.

Elas sabiam como fazer tudo isso porque matavam porcos. Dividiram a mulher morta seguindo os mesmos direitos de parentesco que adotavam ao distribuir porcos mortos, só que os homens sempre recebiam as melhores partes dos porcos. Os homens também reivindicavam a carne da caça que encurralavam na floresta – gambás, lagartos e raros casuares* cujas pernas forneciam excelentes flautas de osso que eles podiam usar no nariz. As mulheres cultivavam feijão, batata-doce e cana-de-açúcar, nutritivos mas suaves, e complementavam sua dieta basicamente vegetariana com aranhas assadas do tamanho de uma mão e gordas lagartas. Os homens moravam separados das mulheres e crianças e seguiam as mulheres até as hortas para copular. O grande alojamento masculino era dividido com os meninos mais velhos. Os homens acreditavam que o contato com as mulheres os enfraquecia e invejavam a fecundidade feminina. Eles raramente comiam os mortos e, assim mesmo, só a carne vermelha e às escondidas.

A multidão de mulheres e crianças estava ocupada disputando e cortando pedaços do corpo da morta, que diminuía. (O nome dela sobrevive como discreta abreviação numa tese médica: *Tom*. Seria Tomasa?) Uma das filhas encarregadas de trinchar o corpo fez um corte em redor do

*Espécie de ema australiana. [N.T.]

pescoço, separando laringe e esôfago, serrou a cartilagem ligando as vértebras, separou a espinha dorsal e levantou a cabeça para o lado. A outra filha tirou habilmente o couro cabeludo, pegou um machado de pedra, rachou o crânio e passou a macia massa cerebral para um tubo de bambu usado para cozinhar. Seus primos, os fores do norte, cozinhavam corpos inteiros com legumes em fossas fumegantes forradas de pedras escaldantes, mas os fores do sul preferiam picar a carne dos mortos, temperá-la com sal, gengibre e folhas e cozê-la em tubos de bambu postos em fogueiras. Comiam todas as partes do corpo, até os ossos, que torravam nas fogueiras para amaciá-los antes de esmigalhá-los nos tubos. A cunhada da morta recebia a genitália como um petisco especial. Se o morto fosse homem, o pênis – um acepipe – seria dado à sua mulher.

Visto do litoral, o interior montanhoso da Nova Guiné parecia uma só cordilheira, mas mineradores australianos à procura de vestígios de ouro nas montanhas no final da década de 20 descobriram vasto e desconhecido sertão entre várias serras paralelas. Altos vales montanhosos de clima temperado abrigavam uma população de mais de 200 mil pessoas em aldeias e povoados onde primitivamente havia florestas de pinheiros, um verdadeiro Xangrilá. Quando os primeiros homens brancos atravessaram os vales, sua chegada assombrou os isolados habitantes das montanhas, que sequer sabiam da existência de um oceano além dos paredões que os confinavam. Velhos filmes mostram os moradores rindo, chorando, tremendo no frenesi do primeiro encontro com os brancos; imaginavam que fossem seus parentes voltando à vida. Nada conheciam sobre armas e não lhes tinham medo, mas correram apavorados a primeira vez em que um australiano tirou a dentadura. Eram verdadeiros democratas e não juravam lealdade a nenhum chefe, mas eram capazes de distinguir os grandes homens dos homens comuns e dos que nada eram. Usavam enfeites de cabeça feitos de contas e penas, ossos no nariz, colares de grandes presas de elefante ou javali e aventais de casca de madeira ou capim trançado e besuntavam o corpo com carvão e gordura rançosa de porco para se proteger dos insetos e do frio. Os homens carregavam machados de pedra ou grandes arcos. Alguns preferiam em vez de avental exibir um grande adorno peniano: bainhas extravagantes para o pênis, feitas de grandes bicos curvos de pássaros ou de conchas marinhas enfeitadas trazidas do litoral desconhecido. As mulheres usavam saias de capim e os seios desnudos. Deslocavam as juntas dos dedos quando estavam de luto, faziam colares de luto com as mãozinhas ressecadas dos bebês mortos, carregavam nas costas a cabeça carcomida do marido num saco tecido – o *bilum* – durante meses após o falecimento, sofrendo com o fedor.

Devorar os mortos não era um costume arcaico dos fores. Começara já durante a vida das avós mais idosas, na virada do século ou não muito antes. Elas o aprenderam com seus vizinhos do norte e o hábito chegou até uma vila nortista, de onde se disseminou. "Como é doce!" – teriam exclamado as mulheres fores ao provar carne humana pela primeira vez, segundo um antropólogo. "Que está havendo conosco, estaremos malucas? Temos aqui este excelente alimento e deixamos de comê-lo. De hoje em diante vamos sempre devorar os mortos, homens, mulheres e crianças. Por que deveríamos jogar fora comida boa? Isso não está certo!" A carne era doce, assim como a vingança das mulheres contra os homens, que sempre ficavam com os melhores pedaços dos porcos – porcos que às vezes haviam mamado nos seios das próprias mulheres. Elas não comiam leprosos nem quem morria de diarréia, mas consideravam limpa a carne de mulheres mortas por feitiçaria. Os fores moribundos pediam para ser devorados e antecipadamente dedicavam as partes de seus corpos a suas favoritas.

Um antropólogo chamado Walter Arens publicou um livro em 1979 no qual afirmava que o canibalismo sempre foi um mito em todo o mundo, uma lenda passada adiante em terceira mão que não merece credibilidade. Ao contrário, o canibalismo era uma realidade no mundo primitivo, no velho e no novo mundos, e até hoje ressurge esporadicamente. Ossos humanos fossilizados com marcas de corte são testemunhos disso nas cavernas européias que remontam a setecentos mil anos. Zheng Zi, jornalista chinês dissidente, descobriu canibalismo oficialmente autorizado dos fígados de inimigos de classe na província de Guangxi durante a década da Revolução Cultural, que começou na República Popular da China em 1966.

Os fores admitiram tranqüilamente seu canibalismo aos primeiros europeus que os indagaram a respeito, embora tenham desistido da prática quando missionários e patrulhas policiais australianas os pressionaram a isso no final da década de 50 – quando o Sputnik já existia – e hoje a renegam. Independentemente de sua ligação com rituais, o canibalismo na Nova Guiné era também importante fonte de proteínas. Dois antropólogos americanos chegaram ao seguinte cálculo: "Um grupo local de cem pessoas da Nova Guiné (das quais 46 são adultas) que devora de cinco a dez vítimas adultas por ano obtém tanta carne com essa prática quanto teria comendo carne de porco."

As mulheres, no seu banquete fúnebre, trinchavam as vítimas e as cozinhavam na horta, mas comiam em particular: levavam os fumegantes tubos de bambu para suas casas separadas e aí partilhavam o banquete com os filhos. Um jovem médico americano que chegou alguns anos depois para viver e trabalhar entre elas achou seus hábitos alimentares tão furtivos quanto os costumes higiênicos dos ocidentais. Não que sentissem a menor vergonha de devorar os mortos; eram igualmente dissimuladas ao comer carne de porco. Comer carne era uma orgia. Os homens diziam que as mulheres eram insaciáveis, selvagens como a floresta. Quando eles arrancavam a vegetação agreste à beira da floresta, diziam que eram como os pêlos pubianos das mulheres. O casamento mal as amansava.

Por fim, um número cada vez maior de mulheres fores passou a morrer em função de bruxaria, praticada apenas pelos homens – um feitiço letal chamado kuru. A palavra quer dizer tremor – de frio ou de medo – e em 1950 o kuru dizimou mulheres em todos os povoados fores. Os homens ganharam temível reputação de bruxos entre os habitantes das montanhas. Quando começavam os calafrios do kuru, a feitiçaria progredia inexoravelmente até a morte. As mulheres atacadas pelo kuru cambaleavam ao andar, depois caminhavam com uma bengala e, finalmente, já não conseguiam dar um passo. Antes de perder a capacidade de engolir, elas engordavam e a carne das que morriam prematuramente de pneumonia era preciosa.

2
Kuru

Fore do Sul, Serra Oriental da Nova Guiné, 1957

QUANDO O DR. Carleton Gajdusek fez uma parada na Nova Guiné, em março de 1957, a caminho de casa após um trabalho de pesquisa na Austrália, esperava passar alguns meses explorando o "crescimento e desenvolvimento infantil nas culturas primitivas". Ao chegar a Port Moresby, o pediatra e infectologista americano de 34 anos foi primeiramente cumprimentar o novo diretor da saúde pública no território australiano sob sua jurisdição, o médico Roy Skaggs, que ficou encantado ao vê-lo. Uma das autoridades de saúde pública sob o comando de Skaggs era o dr. Vincent Zigas, lotado no povoado limítrofe de Kainantu, na Serra Oriental da Nova Guiné, cujo distrito incluía os Fore do Sul e do Norte. O dr. Zigas havia recentemente solicitado ajuda para estudar uma doença estranha e fatal chamada kuru. Ele não acreditava que esta doença fosse causada por feitiçaria: julgava que pudesse ser uma nova forma de encefalite – uma infecção do cérebro. Skaggs tinha acabado de visitar Zigas no hospital que seu subordinado construía ao lado da pista de pouso de Kainantu, onde examinara duas mulheres fores de meia-idade que sofriam de kuru. A descoberta de uma nova enfermidade humana é tão excitante para os pesquisadores médicos quanto a descoberta de um novo elemento para os físicos. Skaggs não tinha verba para pesquisar novos males, mas Gajdusek tinha credenciais de primeira categoria como cientista-pesquisador e estava pagando suas despesas. O diretor de saúde pública incentivou o americano a voar até Kainantu para observar.

Gajdusek chegou ao povoado de fronteira em 13 de março. Zigas, um estoniano de cabelos ondulados, elegante e alegre, lembrava o ator cômico Danny Kaye. Em suas memórias publicadas postumamente, ele recordou o primeiro encontro com o curioso colega em frente a sua casa:

> "Minha preocupação foi interrompida por estranho visitante. À primeira vista ele parecia um *hippie* – embora sem barba ou cabelo comprido – que se revoltara e fugira para o mundo da Idade da Pedra. Usava uma bermuda velha, uma camisa xadrez marrom desabotoada que deixava entrever uma camiseta encardida e tênis velhos. Era alto e magro, com idade difícil de calcular: parecia um menino, com os cabelos negros mal raspados a zero, como se ele mesmo os houvesse cortado. Estava simplesmente maltrapilho. Era um homem de corpo bem-feito, cabeça de notável conformação, olhos curiosamente penetrantes e orelhas salientes. Tudo que ele aparentava era testemunho de sua inquietação. Mesmo parado, dava a impressão de se mover, com o alto da cabeça inclinado para a frente, na atitude ansiosa de quem nunca tinha tempo suficiente para chegar aonde precisava. Calculei que fosse dos Estados Unidos, país de curio-

sas misturas sangüíneas. Fui bombardeado por inúmeras perguntas dele."

"Em Kainantu havia duas velhas com kuru", recordou Gajdusek sobre o primeiro encontro com as pacientes de Zigas. Quando viu as mulheres fores, elas já não conseguiam andar. Tremiam incontrolavelmente, não de frio mas de lesão cerebral. As pernas e os braços vibravam com tremores lentos, contínuos, involuntários – "movimentos atetóides" – como os chamou Gajdusek. A fala era confusa. "As palavras faziam sentido, mas a articulação era péssima. Sorrisos bobos e caretas eram freqüentes." Zigas lembrou a expressão criada por Gajdusek para o emocionalismo exagerado do kuru: "riso patológico". Quando a imprensa australiana ouviu falar do kuru, exagerou essa característica da doença e a chamou de "morte risonha". Vendo de perto, a doença era tudo, menos engraçada.

Conta Gajdusek que à noite Zigas já o "havia exaurido com as visitas aos pacientes, incluindo as duas mulheres com kuru. Tarde da noite, ele me falou mais sobre essa fascinante doença entre os endocanibais da Idade da Pedra na 'insubmissa região' Fore do Sul. Seu entusiasmo pelo desafio representado pela nova enfermidade e o reconhecimento de que a alta incidência epidêmica exigia pesquisas intensivas para determinar suas origens me fizeram alterar meus planos e providenciar uma expedição com ele a Fore do Sul para observar o kuru." Partiram de jipe na manhã seguinte.

Carleton Gajdusek era um prodígio tcheco-americano, nascido em 1923 em Yonkers, Nova York, onde o pai imigrante tinha um açougue. Em menino, ele se havia entusiasmado com as histórias dos grandes biólogos e físicos no livro de Paul de Kruif *Microbe Hunters*, que revolucionara a medici-

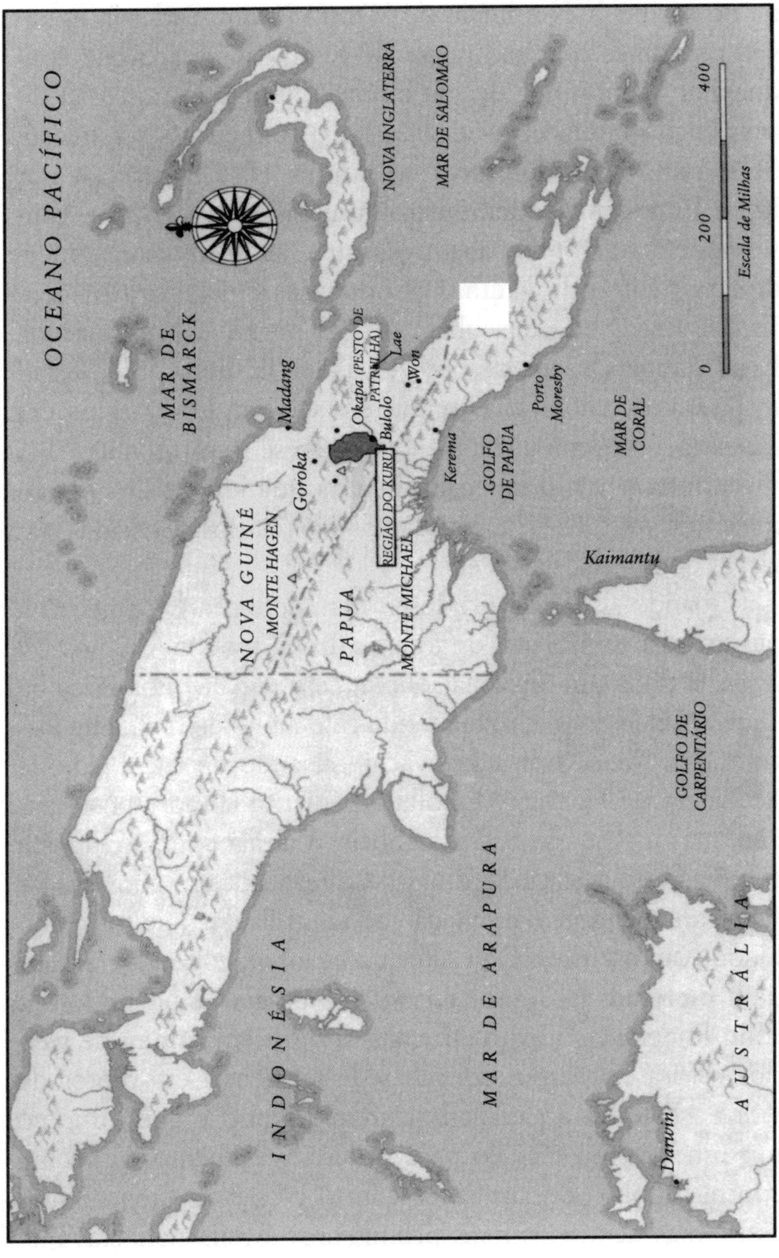

A região kuru de Papua Nova Guiné.

na no século XIX e início de XX. O jovem Carleton escreveu os nomes celebrados por de Kruif na escada que conduzia ao laboratório de sua infância, montado no sótão do casarão da família: *Leeuwenhoek*, o primeiro a ver micróbios numa gota de chuva com uma lente feita em casa; *Koch*, pioneiro que demonstrou que os germes vivem e causam doenças; *Pasteur*, que inventou a pasteurização e concebeu as primeiras vacinas produzidas em laboratório; e *Walter Reed*, que descobriu a cura para a febre amarela. Esses e meia dezena de outros citados no livro de de Kruif inspiraram o menino a sonhar em ser cientista. Sua tia era cientista, entomologista, e ele também se inspirou nela. "Ela me punha a realizar experimentos quando eu era pouco mais que um bebê", a estudar os efeitos dos pesticidas nas larvas de insetos, conta ele.

Quando Carleton Gajdusek era adolescente, começou a pesquisar no instituto onde a tia Irene trabalhava. Aos 19 anos, já tinha um diploma *summa cum laude* em biofísica na Universidade de Rochester, tendo sido aluno do eminente físico Victor Weisskopf, e estava ingressando na Faculdade de Medicina de Harvard. Escolheu pediatria como especialização, mas a pesquisa básica também o atraía e, então, após a faculdade de medicina, foi para Caltech por um ano estudar físico-química sob a orientação de Linus Pauling, químico laureado com o Nobel. De Caltech, Gajdusek, voltou a Harvard para diplomar-se doutor em microbiologia, estudando com John Enders, cujo êxito em cultivar vírus em cultura de tecidos – fora do corpo, em bases de nutrientes em pratos de vidro – o levou a ganhar um prêmio Nobel e que forneceu um fundamento técnico para o desenvolvimento da vacina contra a pólio. Os laureados com o Nobel selecionam seus assistentes dentre os mais promissores jovens cientistas que encontram, transmitindo-lhes seu conhecimento informal do ofício científico. O fato de que vários contemplados com o Nobel tenham escolhido ser orientadores técnicos de Carleton Gajdusek confirma o alto potencial desse jovem.

Naquela época o jovem físico-pesquisador americano era macérrimo, impetuoso, imensamente ambicioso mas dividido entre mil projetos. Dele disse Enders que "era brilhante, mas nunca se sabia quando abandonaria o trabalho por uma semana para estudar Hegel ou por um mês para trabalhar com os índios hopis". Gajdusek era e ainda é um falador compulsivo que derrama idéias sem parar durante horas – idéias aproveitáveis, quase sempre muito inteligentes e narrativas objetivas – mas apenas alguns ouvintes são capazes de suportar "a maratona". Um neurologista amigo seu supõe que esse fluxo compulsivo seja uma espécie de epilepsia e que, quando jovem, Gajdusek aprendeu que relaxar ao nível em que o resto da humanidade considera normal lhe provocava terríveis enxaquecas que o prostravam durante dias. As mulheres julgavam atraente essa intensidade – assim como seus traços eslavos, boca sensual e olhos maliciosos e inteligentes – mas ele se afogava compulsivamente no trabalho. Macfarlane Burnet, o australiano premiado com o Nobel que convidou Gajdusek a trabalhar com ele em Melbourne em meados da década de 50 – trabalho que levou o americano à Nova Guiné e aos fores – definiu-o de forma sagaz, mais ou menos a essa época, numa carta a um crítico:

> Minha avaliação foi de que seu quociente de inteligência deve beirar 180 pontos; ao mesmo tempo, tinha a imaturidade emocional de um rapazola de 15 anos. Possui uma energia fora do normal quando seu entusiasmo é despertado e pode inspirar o mesmo sentimento em seus assistentes técnicos. É completamente egocêntrico,

insensível a censuras e desatencioso e não permite que perigo, dificuldades físicas ou os sentimentos de outras pessoas interfiram no que quer fazer. Não aparenta interesse por mulheres, mas interessa-se quase obsessivamente por crianças. Tampouco se importa com roupas ou limpeza e é capaz de viver alegremente numa favela ou numa cabana de sapê.

Quando Gajdusek chegou à Austrália, em 1955, já havia morado em várias favelas e cabanas de sapê, pesquisando a raiva e pragas no Oriente Médio, vírus entre os índios da América do Norte e do Sul, uma febre epidêmica reumática e hemorrágica na Coréia durante a Guerra da Coréia, como capitão do corpo médico do exército dos Estados Unidos, e encefalite na União Soviética. Em Harvard, Enders o havia designado para trabalhar em Washington, no Instituto Walter Reed de Pesquisas do Exército, com um cientista-administrador severo e inteligente chamado Joe Smadel, que sabia como "amansar a fera". ("Smadel disse em Washington"– informa Burnet ao crítico de Gajdusek – "que a única maneira de lidar com Gajdusek era chutando o seu traseiro com força. Outra pessoa me afirmou que ele era legal, só que lhe faltava uma certa humanidade".) Joe Smadel chutou o traseiro de Gajdusek e este correspondeu ao que dele se esperava.

Gajdusek passou um ano com Macfarlane em Melbourne. Entre outras coisas, pesquisou a hepatite infecciosa e apresentou aos australianos a cultura de vírus em tecidos. Em junho de 1956 planejava visitar a Nova Guiné mas se deparou com uma forma de desenvolver novo exame médico diagnóstico relacionado a enxertos de pele – "a primeira coisa realmente original e importante que já fiz", comentou com Smadel – e essa pesquisa o reteve por mais seis meses na Austrália. Em março viajou para Port Moresby e descobriu o trabalho que o ocuparia nos quarenta anos seguintes.

Okapa, onde Gajdusek e Zigas chegaram após quatro horas de dura viagem desde Kanantu com as duas fores aleijadas encarapitadas no assento traseiro, era um posto de patrulha policial localizado numa chapada de encosta cercada por uma floresta de pinheiros a 1.500m de altitude, no coração da região fore. Caía um temporal quando chegaram e continuou a chover durante dias. Gajdusek imediatamente foi cercado por uma comitiva de crianças fores, que o seguiam chamando-o de "docta América" e "Carton". Ele datilografava numa velha máquina portátil anotações diárias, conversando com os próprios textos quando não encontrava ouvinte; a estranha máquina atraía as crianças como a luz às mariposas. Elas se aglomeravam em volta dele, junto com nuvens de pulgas e piolhos – tomar banho não era hábito dos fores. Dois dias depois de chegar, Gajdusek escreveu a Joe Smadel, fanfarrão: "Estou numa das regiões mais remotas da Nova Guiné, recém-desbravada, no meio de grupos tribais de canibais que ainda trocavam golpes de lanças até alguns dias atrás e que, faz poucas semanas, cozinharam e alimentaram as crianças com o corpo de uma pessoa vítima de kuru..." O kuru era uma doença quase exclusiva de mulheres e crianças pequenas. Gajdusek e Zigas puseram-se a trabalhar, examinando-as:

> Um menino de cerca de sete anos tinha sido trazido para cá: obviamente não deve sobreviver por muito tempo: já não consegue andar, mal se entende o que fala e urina e evacua pela casa, embora não esteja com diarréia ou incontinência urinária. Como ocorre em todos os casos, ele precisa ser alimentado por outra pessoa, pois perdeu a capacidade de levar o alimento à boca. É difícil acreditar

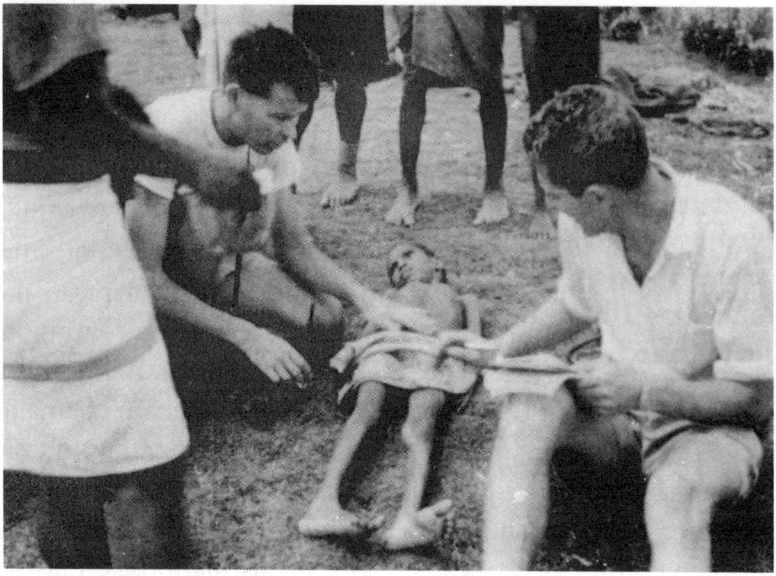

Carleton Gajdusek e Vincent Zigas examinam uma criança vítima do kuru em Okapa, 1957.

que se trate de um caso recente; antes, era um menino de inteligência e desenvolvimento físico normais, e vários testemunhos de informantes confiáveis afirmam que ele andava, corria e brincava normalmente há apenas três meses. Sua doença evoluiu com as características clássicas do kuru, isto é, andar vacilante durante trinta dias, seguido por tremores, atetose e fala indistinta no segundo mês e, no terceiro, incapacitação quase total.

Uma espécie de esperanto se havia desenvolvido na Nova Guiné como idioma comum, um pitoresco amálgama de inglês, alemão e espanhol, com o acréscimo de algumas palavras nativas. Os dois médicos se comunicavam com os fores por meio dos jovens assistentes de Zigas, os chamados

Vincent Zigas, o patrulheiro Jack Baker e Carleton Gajdusek examinando um cérebro contaminado pelo kuru (na panela, na mesa de jantar) em Okapa, 1957.

dokta boi, que falavam fore e o "esperanto" local. Zigas era fluente nesse idioma e Gajdusek, um lingüista nato que dominava cinco ou seis línguas européias, rapidamente aprendeu o novo idioma e começou a aprender o fore com sua turma de garotos maravilhados. Segundo escreveu Gajdusek, os pesquisadores logo perceberam que "o diagnóstico nativo do kuru é tão confiável quanto qualquer avaliação médica moderna". Os fores dividiam esse distúrbio neurológico progressivo e fatal em três estágios: *wokabaut yet* – "walk about yet", isto é, em que a vítima ainda consegue andar; *sindaun pinis* – "sit down finish", quando o doente já era incapaz de andar, e *slip pinis* – "sleep finish", o estupor. Os fores também definiam com precisão a fase preliminar, *kuru laik i-kamap nau* – "kuru like he come up now" (o kuru vai começar) – e uma fase terminal, *klostu daí nau*"– "close to die now" (perto da morte).

Gajdusek escreveu de Okapa a Smadel que " é uma doença tão assustadora que sua descrição clínica só pode ser lida com ceticismo. O clássico 'parkinsonismo' progressivo que ataca todas as idades e esmagadoramente as mulheres, embora muitos meninos e alguns homens tenham também sofrido disso, é uma síndrome muito estranha. É incrível ver grupos inteiros de jovens adultos bem nutridos e saudáveis com tremores atetóides que parecem muito mais histéricos que orgânicos. E vê-los, contudo, gradativamente avançando para a degeneração neurológica em três a seis meses, em geral três, até a morte, é hediondo". A morte chegava cruelmente: as vítimas prostradas pelo kuru perdiam a capacidade de engolir e morriam literalmente de sede ou sucumbiam à pneumonia antes da inanição ou às profundas e gangrenosas escaras que criavam ao ficar deitadas na própria urina ou nos excrementos, incapazes de se mexer. A demência não lhes diminuía a percepção do sofrimento; o kuru as mantinha conscientes e vigilantes, mas sem fala, até próximo do fim.

Os sintomas do kuru eram semelhantes aos das encefalopatias conhecidas no Ocidente – os males de Parkinson e Alzheimer, esclerose múltipla, MLG. Mas acreditava-se que todas essas enfermidades fossem degenerativas – causadas por alterações patológicas nos tecidos cerebrais – não infecciosas, e nenhuma se disseminava como epidemia. Nas semanas seguintes à chegada dos dois médicos a Okapa, à medida que faziam exames e saíam inspecionando o Fore do Sul em carroças, abrindo trilhas nas florestas tropicais resplandecentes de orquídeas e coloridas laranjeiras, avançando com dificuldade por funda lama vermelha, descobriam que toda vila e vilarejo fore tinha uma história de mortes recentes pelo kuru. Suas verificações logo se estenderam a cerca de 250 pacientes, dos quais 50 crianças e quase todos os demais mulheres adultas. Estimaram que a doença atacasse anualmente 1 por cento da população fore de quase 30 mil pessoas, o que representava 300 casos por ano. Nos povoados mais duramente atingidos, a porcentagem oscilava entre 5 e 10 por cento; mais de metade das mortes ocorridas nos últimos cinco anos naqueles povoados havia sido provocada pelo kuru. Nas palavras soturnas de Gajdusek a Smadel: "Trata-se da pior doença entre os fores, incluindo as doenças da infância. Talvez seja a principal causa de morte, junto com os ferimentos das lutas armadas."

Zigas supunha que a enfermidade fosse causada por uma infecção e a princípio Gajdusek concordou com ele. Porém, uma infecção – a proteína estranha dos organismos alienígenas que invadem o corpo humano – causa inflamação à medida que os sistemas linfático e imunológico reagem defensivamente para destruir a invasora. Com a inflamação vêm febre, maior número de células linfáticas no fluido cérebro-espinhal e outras alterações físicas. Para sua surpresa, os dois médicos não encontraram nenhum desses sintomas nos pacientes com kuru. Na primeira vez que o entrevistei, Gajdusek me disse: "É difícil explicar a um leigo como é estranha a ausência de inflamação. Com o kuru, não havia *nenhuma* inflamação. Absolutamente nenhuma."

Entretanto, algum processo endêmico, e não bruxaria, deve ter causado o mal, independentemente do que pensassem os fores. Os dois homens coletaram culturas dos contaminados pelo kuru e as enviaram a Port Moresby, para determinar se o laboratório da cidade conseguiria desenvolver os organismos da doença, mas o resultado nada apresentou de extraordinário. Seria a doença hereditária, transmitida pela mãe aos filhos? Caso positivo, conforme escreveu Gajdusek a

Smadel, "estamos constatando a 'epidemia' (de doença hereditária) de maior incidência concentrada jamais vista". Zigas e Gajdusek resolveram que neurologistas competentes deveriam seccionar e analisar os cérebros de alguns de seus pacientes vítimas de kuru, pois obviamente era naquele órgão que ocorriam as lesões. Os pacientes morreriam em breve. Era preciso encontrar uma forma de coletar, conservar e transportar cérebros inteiros de Okapa à Austrália e aos Estados Unidos. Teriam que fazer a autópsia de canibais da Idade da Pedra nas matas da Serra Oriental.

Sua primeira oportunidade surgiu em meados de maio:

> Caro Joe:
> Escrevo-lhe para comunicar que houve uma morte por kuru e que fiz a autópsia completa, às 2 da manhã, à luz

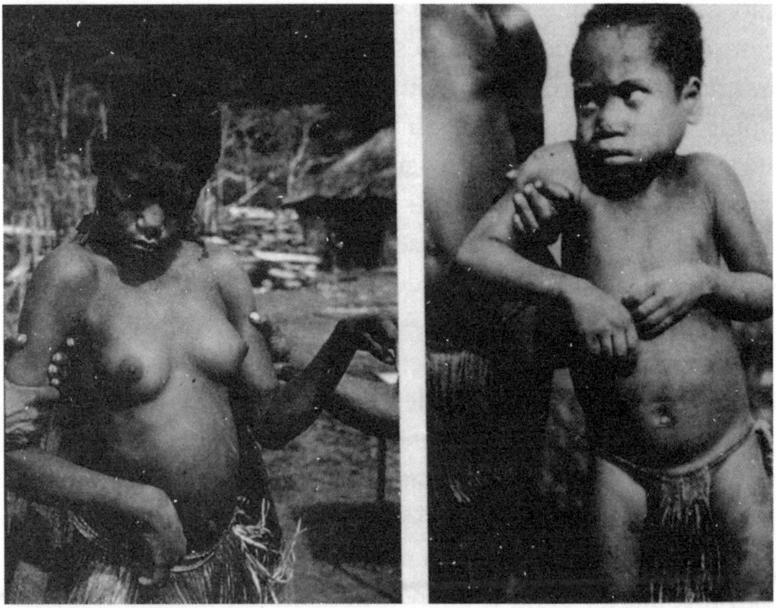

Duas vítimas do kuru: uma jovem e um menino.

de lanterna, durante um temporal, numa cabana nativa; seccionei o cérebro sem uma faca apropriada. Mas o cérebro, embebido em solução salina com dez por cento de formol, está a caminho de Melbourne para a neuropatologia, juntamente com pedaços de todos os órgãos que examinei: fígado, rim, músculos e tecido da parede abdominal, pulmão, pâncreas, parede aórtica, parte do cordão cervical, ovário, parte do córtex cerebral e o baço. Tentarei mandar a você a próxima autópsia completa e não para Melbourne.

O primeiro cérebro foi para Melbourne porque a imprensa australiana havia tomado conhecimento da história da "morte risonha" e Mac Burnet expressara seu desagrado pelo fato de que cidadãos australianos não estivessem à frente da pesquisa (Zigas era um refugiado da Estônia que se estabelecera na Austrália após a Segunda Guerra Mundial). Gajdusek apressadamente escreveu a seu orientador australiano para apresentar-lhe os fatos. "Desde então (Burnet) tem colaborado muitíssimo", gabou-se com Joe Smadel. À época, Zigas já retornara a seus afazeres em Kainantu, mas enfrentava a penosa jornada até Okapa sempre que possível. Era Gajdusek, porém, que prosseguia com o trabalho.

Contra o kuru aplicava todos os tratamentos de que se lembrava. "Ainda não constatei nenhuma reação aos antibióticos, ao fenobarbital, ao benadril ou à piribenzimina, a acetato de cortisona, ACTH, aspirina ou complexos vitamínicos", escreveu a Smadel. "Temos tido notáveis oportunidades de avaliar essas terapias em potencial, mas nossos pacientes continuam a piorar, mesmo quando recebem altas doses de medicamentos. Se você conseguir me mandar quaisquer tranqüilizantes ou, especialmente, quaisquer das novas drogas contra o mal de Parkinson... Estou ansioso para testá-las.

A casa feita com material nativo está quase pronta; brevemente poderemos transferir para lá as punções lombares, autópsias, exames de urina e o preparo de reagentes que fazemos na mesa de jantar do guarda do posto de patrulha."

Gajdusek e o guarda haviam mobilizado quase mil homens fores para construir "um majestoso hospital" com material nativo e uma casa menor para uso do pesquisador; a casa de sapê era "um local bem acolhedor em meio aos aguaceiros que açoitam nosso planalto". Os fores, porém, resistiam às autópsias. "Nossos ex-canibais (e os que ainda o são) não gostam da idéia de abrir a cabeça, apesar de o desmembramento de outros órgãos não os incomodar. Ficam, porém, perturbados com a idéia de morrer longe de seus povoados natais." Não eram o tipo de pessoas "que se pode forçar a fazer algo. São orgulhosos e têm idéias próprias inteligentíssimas e, embora tenham concordado que eu os cure de meningite e pneumonia, decidiram que essa mágica (kuru) é poderosa demais para mim e que o fato de eu prolongar-lhes a vida tratando e controlando suas escaras não é nada bom para eles. Desejam morrer em casa e, quando estão totalmente incapacitados, querem morrer o mais rápido possível. Não se pode culpá-los, pois essa doença neurológica é aparentemente incurável".

Certa vez, uma mulher de 50 anos chamada Yabaiotu faleceu de kuru no hospital e os parentes permitiram que Gajdusek lhe retirasse o cérebro. Não sendo patologista, ele havia comprometido a primeira autópsia ao seccionar o cérebro fresco, amassando-o bastante – um cérebro fresco tem a consistência de ovos mexidos – mas Smadel lhe havia mandado instruções sobre como lidar com cérebros frescos pouco antes desse segundo óbito e Gajdusek as seguiu cuidadosamente: pôs todo o cérebro durante quinze dias em solução de formol para conservá-lo, embrulhou em gaze e algodão o órgão agora com consistência de borracha e o despachou por um piloto do sertão australiano e depois pela Qantas Airways em redor do mundo afora até Smadel.

Mas este se havia transferido do Walter Reed para uma diretoria adjunta nos Institutos Nacionais de Saúde em Bethesda, Maryland, nos arredores de Washington, D.C., a mais conceituada instituição pública de pesquisas médicas nos Estados Unidos. Ele controlava importantes verbas e começou a se utilizar delas para facilitar o trabalho de Gajdusek. Solicitou para seu protegido – Gajdusek estava com suas economias praticamente esgotadas – uma bolsa de mil dólares à Fundação Nacional de Paralisia Infantil e começou a insistir com publicações médicas para que divulgassem o primeiro relatório sobre o kuru escrito por Gajdusek e Zigas, que o haviam enviado para estabelecer sua prioridade no descobrimento da enfermidade. Da maior importância foi o fato de Smadel haver conseguido que o dr. Igor Klatzo, excelente neurologista do INS, começasse a examinar cérebros atacados pelo kuru.

O cérebro de Yabaiotu, do sexo feminino, foi o primeiro de uma série que Gajdusek enviou da agreste região montanhosa da Nova Guiné ao laboratório de patologia de Klatzo no INS em Bethesda. Seguiram-se mais cinco cérebros durante o verão, alguns de crianças. Num relatório preliminar sobre Yabaiotu em meados de agosto, Klatzo afirmou haver encontrado enorme lesão na parte do cérebro que controla a sincronização da atividade muscular, o cerebelo. Células nervosas no cerebelo e em outros locais inferiores do cérebro se haviam degenerado, mas Klatzo escreveu que suas conclusões "não autorizam a suspeitar de nenhum processo infeccioso ou inflamatório". Por outro lado, tampouco "o vasto comprometimento de várias estruturas (cerebrais) se encaixa em algum dos padrões degenerativos hereditários conhecidos". Klatzo julgou que a condição do cérebro pudesse ser causada por uma substância tóxica encontrada nos alimentos ou no meio ambiente dos fores.

Gajdusek estava investigando essa mesma possibilidade há tempos, mas até então inutilmente. Uma antropóloga designada pelos australianos para trabalhar com ele realizara exaustivos estudos do regime alimentar dos fores, mas nada encontrara na extensa lista de plantas e animais que compilou em suas entrevistas que o distinguisse do regime alimentar de seus vizinhos.

Mas nem todos os vizinhos dos fores devoravam os mortos. A possibilidade de que o canibalismo fore estivesse implicado na transmissão do kuru era óbvia desde o início. O físico australiano Michael Alpers, que se reuniu a Gajdusek alguns anos depois na Nova Guiné, contou-me que se lembrava de ter repetidamente ouvido essa teoria em bares de Goroka, capital da região: "Um velho garimpeiro dizia: 'Ah, aquela gente, eles pegam essa doença horrível.' E então sussurrava: '*Eles têm de pegar mesmo, eles se devoram, são uns canibais desgraçados.*'" Mas a ausência de sinais de inflamação não significava ausência de sinais de infecção, o que implicava não haver agente infeccioso – nenhuma bactéria, nenhum vírus, nenhuma *rickettsia* ou outro parasita qualquer – espalhado pelo canibalismo, e realmente nenhum deles havia surgido nos espécimes cultivados por Gajdusek. E, por mais repugnante que seja para os ocidentais a idéia de comer carne humana, essa dieta macabra não era tóxica em si mesma nem como resultado dela, ou outros canibais da Nova Guiné teriam presumivelmente adoecido com o kuru. Ao contrário, com raras exceções – algumas mulheres de outros grupos que se casaram com membros da tribo –, o kuru se restringia aos fores. Portanto, por mais frustrantes que fossem os fatos, sua lógica obrigava Gajdusek e colegas a rejeitar a teoria do canibalismo. Naquele verão ele escreveu a Joe Smadel: "Estou cada vez mais convencido de que o kuru é um dos problemas médicos não solucionados mais excitantes e sedutores hoje em dia; ele oferece à medicina muitas revelações, especialmente nesta era moderna de medo de perigos genéticos para as populações. E em que outro lugar do mundo existe um povo tão ameaçado por um quadro genético letal? Obviamente, ainda penso em termos genéticos, mas estou aberto a outras possibilidades, tóxicas, infeciosas etc., se outros tipos puderem ser encontrados. Até aqui, não tivemos sorte."

Klatzo continuou seus exames de necrópsia no verão e em setembro fez mais um relatório. Continuava a achar que se tratava de "um metabolismo tóxico", pelo estrago que identificou nos cérebros enviados por Gajdusek. Dessa vez, porém, ao estudar o cérebro de crianças mortas, verificou haver um tipo de lesão que lhe lembrou uma doença humana já conhecida. Comunicou a suspeita a Gajdusek. O dano encontrado por ele era a presença de nós microscópicos de uma forma de proteína conhecida como amilóide. Essas "placas amilóides" jamais haviam sido encontradas num cérebro infantil. Eram uma forma conhecida de envelhecimento, comum nos cérebros de pessoas que sofriam do mal de Alzheimer. As placas amilóides encontradas por Klatzo nos cérebros das crianças mortas eram enormes. Nas fotografias tiradas por Klatzo através do microscópio, pareciam discos negros e peludos flutuando entre as células nervosas cinzentas, menores. Mais tarde, quando Gajdusek teve oportunidade de falar pessoalmente com Klatzo, os dois físicos brincaram dizendo que as placas floridas do kuru representavam a "senilidade galopante dos jovens", isto é, um envelhecimento acelerado. Nenhum dos dois, porém, deu muito peso à inédita descoberta de amilóides nos cérebros das crianças com kuru, porque em alguns casos elas não apareciam nas seções cerebrais examinadas por Klatzo. "É claro"– diz Gajdusek hoje, pesaroso por haver ignorado pistas – "que não se secciona todo o cérebro, apenas partes para servir de amostras."

As placas amilóides e outros danos característicos observados por Klatzo nos cérebros com kuru lembraram-lhe uma rara doença degenerativa descrita por dois médicos alemães quase quatro décadas antes. "Os sintomas mais semelhantes de que me recordo" – escreveu a Gajdusek – "são os descritos por Jakob e Creutzfeldt." Não se tratava da mesma coisa, pois esse mal afetava mais as regiões superiores do cérebro do que o kuru e era tipicamente uma doença da meia-idade. "Não há descrição de casos com crianças ou adolescentes." Como o kuru, a causa era desconhecida e sua ocorrência, muito mais rara: "Apenas cerca de 20 casos foram notificados até hoje." Concluindo, Klatzo afirmou não haver "nenhum distúrbio hereditário conhecido que se assemelhe sequer remotamente ao kuru". Não obstante, o dano que o kuru causava ao cérebro era similar ao provocado pela rara enfermidade conhecida como doença de Creutzfeldt-Jakob. Era um escasso indício, porém mais do que Gadjusek tinha antes. Nos anos seguintes, ele multiplicaria esse indício para uma série de descobertas.

Segunda Conexão...

ESPÉCIE	DOENÇA	PROGNÓSTICO
homem	kuru	fatal
homem	Creutzfeldt-Jakob	fatal

3
Creutzfeldt e Jakob

Breslau e Hamburgo, Alemanha,
1913-1921 / Londres, 1959

EM JUNHO DE 1913, Bertha Elschker, empregada de um convento de Breslau, Alemanha, teve um colapso nervoso e foi levada a uma clínica na universidade local, dirigida pelo renomado neurologista Alois Alzheimer, descobridor do mal de Alzheimer. Um dos assistentes de Alzheimer, o médico Hans Gerhard Creutzfeldt, relataria mais tarde a história da órfã de 23 anos. Sua personalidade normalmente alegre mudara abruptamente fazia cerca de um mês. "Ela se recusava a comer e tomar banho" – contou Creutzfeldt, – "descuidou da aparência, ficava suja e tinha estranhas atitudes." Três dias antes de ser levada até eles, "Bertha tinha subitamente começado a gritar que sua irmã morrera por causa dela, que estava possuída pelo demônio, que ela mesma também tinha morrido e que queria se suicidar". Essas alterações podiam ser indícios de problemas mentais, mas a expressão aturdida da moça, seus risinhos à socapa, os olhos contraídos e o andar vacilante tornaram óbvio a Creutzfeldt que ela estava sofrendo de alguma encefalopatia..

O jovem doutor alemão examinou a mulher macilenta e constatou músculos faciais trêmulos, contrações espasmódicas dos braços, tremores que começavam sempre que ela fazia um movimento voluntário (sinal de lesão neurológica a que os médicos chamam de tremor intencional), reflexos alterados, fala sem sentido e o que Creutzfeldt definiu como "manifestações irracionais de riso". Ele a internou no hospital. As condições físicas da moça pioraram gradativamente, assim como seu estado mental. Havia dias em que ela gritava sem parar. Em outros, permanecia lânguida, em estado

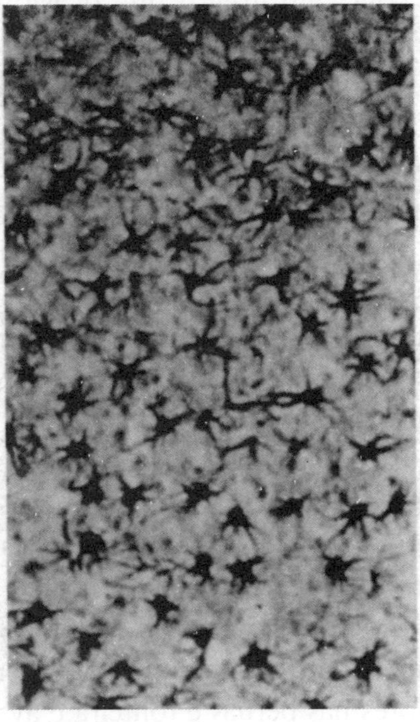

As estrelas escuras da astrogliose.

de estupor. No início de agosto Bertha mergulhou em um *status epilepticus* – tinha um acesso epilético após outro – e só reagia quando Creutzfeldt a picava com um alfinete. Ele assim descreve os últimos dias da doente: "No dia 6 de agosto ela teve um autêntico acesso puramente epiléptico; à tardinha, mais um. Nos dias seguintes, permaneceu deitada, com convulsões. Nas suas derradeiras horas, o estupor se aprofundou e houve dificuldade de engolir. Finalmente, em 11 de agosto ela faleceu, em *status epilepticus*."

Creutzfeldt fez a autópsia do corpo de Bertha e examinou o seu cérebro: encontrou considerável lesão, mas nenhuma infecção. Alguma coisa havia dizimado milhões de células cerebrais. Elas foram eliminadas e parcialmente substituídas por células gliais, unidades de reparo do cérebro (*glia* significa "cola" em grego) que ocasionalmente têm efeito destrutivo. Quando Creutzfeldt coloriu certas seções do cérebro de Bertha para marcar o dano, as incontáveis glias inchadas pareciam, à luz do microscópio, estrelas castanhas coalhando um inanimado céu cinzento.

Creutzfeldt identificou uma nova doença na enfermidade fatal de Bertha Elschker, mas estourou a Primeira Guerra Mundial antes que ele pudesse relatar sua descoberta. Finalmente, em 1920, conseguiu publicar um artigo numa revista científica alemã. O dr. Alfons Jakob, seu colega na Universidade de Hamburgo, leu a matéria ainda no prelo. Jakob perdera quatro pacientes com sintomas e conclusões da autópsia que lhe pareceram idênticos aos do caso de Creutzfeldt, embora seus quatro doentes fossem muito mais velhos. Jakob descreveu os casos num trabalho publicado em 1921. Apenas um deles ainda é considerado ortodoxo, o de um vendedor de 42 anos chamado Ernst K., cuja doença começou com dores nas pernas e tonteira e avançou como a de Bertha até o estágio final de demência e estupor. O cérebro de Ernst K. tampouco ficou inflamado, mas registrava um estado geral de morte celular com glias em forma de estrelas.

Juntos, esses primeiros relatos descreviam nova doença degenerativa do cérebro, a doença de Creutzfeldt-Jakob. A DCJ é conhecida atualmente como doença incomum mas não rara – a raiva é menos freqüente –, mas nas quatro décadas seguintes pouquíssimos casos foram notificados. Quando Igor Klatzo associou o kuru à DCJ em sua carta a Carleton Gajdusek em 1957, sabia de apenas vinte casos, nenhum de vítima americana, embora a DCJ ocorresse no mundo todo com fantástica regularidade: a difusão e a incidência eram semelhantes, Gajdusek escrevera, "em todas as raças e em todos os climas, do Ártico aos trópicos", com cerca de um caso por milhão de pessoas no mundo. Poucos médicos relatavam algum caso da DCJ naquela época porque era fácil confundir esse mal com um emaranhado de outras doenças maldefinidas do cérebro, males que ninguém ainda compreendia.

Parece que Creutzfeldt e Jakob haviam omitido de suas minuciosas descrições de patologia cerebral a única característica verdadeiramente distinta da doença que veio a ter seu nome: orifícios. Ao microscópio, os corpos das células nervosas nos cérebros de Bertha Elschker e Ernst K. eram tão cheios de buracos como uma esponja. Essa condição seria denominada "alteração espongiforme" e constituiria a chave para o diagnóstico da DCJ. Por que os neurologistas que examinaram os cérebros atacados pela DCJ ignoraram esse fato durante décadas? O dr. Paul Brown, autoridade mundial em DCJ e um dos talentosos cientistas recrutados por Gajdusek para trabalhar com ele no INH quando voltou da Nova Guiné, acredita que isso ocorreu porque os médicos se sentiam constrangidos profissionalmente, "devido a uma relutância desculpável em atribuir alguma importância a

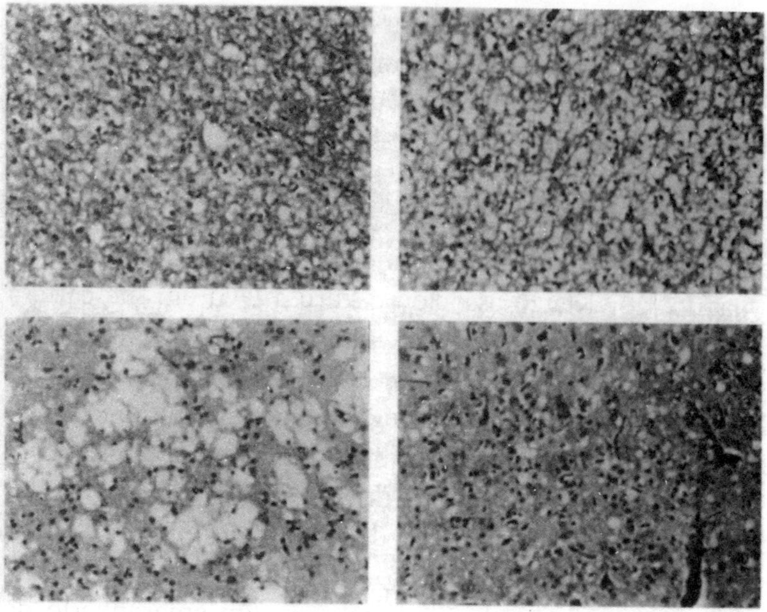

Alteração espongiforme no cérebro animal e no do homem.

buracos". Brown, doutorado em Harvard, é um homem magro com seco senso de humor. Segundo ele, "os patologistas abominam um vácuo, odeiam buracos, e basear um diagnóstico em orifícios é exigir muito de um patologista, porque eles podem fazer certas coisas com os tecidos"– acidentalmente, durante um processo de conservação, por exemplo – "que provocam buracos virtualmente idênticos aos da DCJ. Por isso, durante décadas os orifícios foram considerados sem importância".

Quando Gajdusek percorreu a região fore para localizar e documentar casos de kuru, procurava padrões de regime alimentar, de incidência, de contato com portadores como carrapatos ou pássaros, que o pudessem ajudar a identificar a causa da doença. Esse sofisticado processo detetivesco é chamado de epidemiologia. Paul Brown me disse que "na verdade a epidemiologia é o estudo das distribuições e apenas isso. É a distribuição de uma coisa. E a pista que procuramos é a distribuição desigual. Se formos espertos, perspicazes, saberemos selecionar certos grupos da população humana que em princípio devem estar sofrendo maiores riscos". Quanto ao kuru, os fores eram um desses grupos e, dentro dele, as mulheres e as crianças corriam maiores riscos que os homens. Já a distribuição mundial uniforme da DCJ dificulta a identificação de suas origens.

O kuru e a DCJ causavam danos cerebrais semelhantes, mas seu desenvolvimento e epidemiologias eram diferentes. "O kuru era uma doença virtualmente estereotipada" – afirma Brown sobre os sintomas do mal. "A DCJ percorre uma gama de variações, que vão desde pessoas que ficam cegas e enlouquecem até aquelas em que a quase completa falta de coordenação e alterações de personalidade são as principais características. A DCJ compreende vasto repertório de sintomas; é realmente uma sinfonia, não apenas uma melodia." Apesar da juventude do primeiro paciente da DCJ, esta costuma ser uma doença da meia-idade, raramente se manifestando antes dos 40 anos, e ocorre tipicamente no grupo etário de 50 a 75 anos. A média etária dos mortos é de 60 anos. Após os 75 anos existe um intervalo curioso na ocorrência dos casos, não se sabe por quê. Uma característica que as duas doenças tinham em comum era a ausência intrigante de inflamações. Para os neurologistas que lidavam com a DCJ, assim como Gajdusek com o kuru, essa falta de reação inflamatória era forte argumento contra uma origem infecciosa de ambos os males.

A suposição de Klatzo somou ao que Gajdusek sabia sobre o kuru, mas não resolveu imediatamente a questão da causa. Coube a Gajdusek refletir sobre o que poderia ligar os dois obscuros e fatais distúrbios cerebrais, e por que apenas um deles matava tipicamente crianças.

O cérebro humano era ainda uma fronteira médica na sexta década do século XX. Já na Grécia clássica os médicos sabiam que o cérebro era o centro dos pensamentos e das emoções, mas o tamanho diminuto e a transparência de seus componentes derrotaram os anatomistas até o aperfeiçoamento do microscópio e o desenvolvimento da técnica de tingir tecidos no final do século XIX. Os anatomistas aprenderam por tentativa e erro que diferentes corantes, cada um constituindo uma descoberta própria, coloriam partes diversas da complexa anatomia do cérebro e as tornavam visíveis. Por exemplo, ao aplicar o corante vermelho Congo a partes do cérebro, colorem-se as placas amilóides. Quando uma parte tingida de vermelho Congo é iluminada por luz polarizada, quaisquer placas amilóides presentes se destacam e exibem um esverdeado intenso.

O cérebro, tomado isoladamente, é o órgão mais complexo já concebido pela evolução: são mais de 800 quilômetros de fibras nervosas entrelaçadas numa massa macia de quase 1,4kg, com pregas fundas, que flutuam num líquido nutritivo dentro de um recipiente protetor de membranas rígidas cercadas pelo espesso capacete ósseo do crânio. Quando Carleton Gajdusek era menino, o cérebro era comparado a uma central telefônica. Após a Segunda Guerra Mundial, a criação do computador digital sugeriu um modelo mais realista. O físico Philip Morrison certa vez descreveu o cérebro de forma enrolada como "uma máquina digital lenta que trabalha como um relógio, com processamentos paralelos múltiplos discerníveis, tudo funcionando em água salgada". O cérebro processa informações sob a forma de sinais eletroquímicos transmitidos por fibras ner-

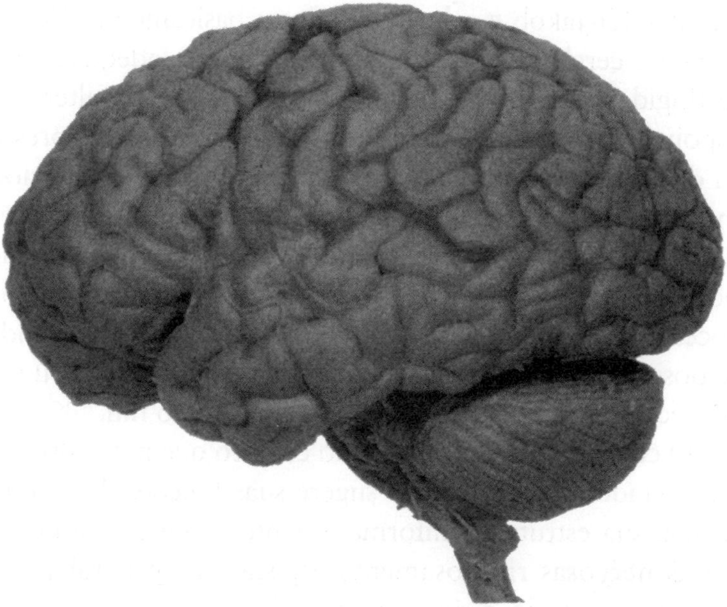

O cérebro humano, com o cerebelo e o tronco cerebral.

vosas isoladas entre si por glias gordurosas. As fibras têm complexa interligação, permitindo às diferentes áreas do cérebro comunicar-se entre si e interagir.

A maior parte das pessoas conhece o cérebro – os grandes hemisférios superiores do cérebro, semelhantes a uma noz, e responsáveis pelo raciocínio, pelo processamento sensorial e pela memória. Menos familiar é o cerebelo, menor do que o cérebro mas órgão responsável pela conservação da vida, ligado ao tronco cerebral atrás e embaixo do cérebro como um coque de cabelo – um órgão mais ou menos do tamanho de um ovo tamanho extra e que um pesquisador afirma ser "a estrutura mais espetacular do cérebro vertebrado". O cerebelo é a parte do cérebro que a doença de

Creutzfeldt-Jakob e o kuru danificam basicamente. Uma só parte do cerebelo conservado numa solução, adequadamente tingida para revelar os múltiplos orifícios das alterações espongiformes, pode estabelecer indubitavelmente a presença de uma ou outra daquelas doenças. O cerebelo funciona inconscientemente. Ao contrário do kuru, a DCJ também danifica as operações conscientes do cérebro, o que explica por que as vítimas da DCJ tipicamente mostram sinais precoces de demência (por exemplo, Bertha Elschker julgando-se possuída pelo demônio) enquanto as vítimas do kuru permanecem vigilantes e conscientes até perto do fim.

O cerebelo é a única parte do cérebro que não é dividida em metades. Essa diferença sugere suas funções. Da mesma forma, sua estrutura uniforme espantosamente contínua de fibras nervosas rigorosamente espaçadas em paralelo e o fato de que todo o órgão é desenhado três vezes de três ângulos mutuamente perpendiculares até a superfície enrugada e cintada. Até onde os anatomistas podem afirmar, uma vez que suas funções ainda são discutidas, o cerebelo é responsável pelo equilíbrio, pela tonicidade muscular e pela coordenação dos movimentos voluntários. Os sinais que descem do cérebro ou sobem do corpo passam pelo cerebelo, que os retarda ou acelera para que funcionem em sincronia. O equilíbrio, por exemplo, requer que se sinta a posição do corpo e inconscientemente se adaptem braços, pernas e o tronco para contrabalançar a inclinação para trás, para frente ou para os lados; o equilíbrio é dos primeiros sentidos afetados pelo kuru e pela DCJ. Para coordenar movimentos complexos como escrever, falar, tocar um instrumento musical ou operar um equipamento, é fundamental sincronizar a atividade de muitos e diferentes músculos, grandes e pequenos. O cerebelo pode reduzir intervalos de tempo para até cerca de um décimo milionésimo de segundo, que é o nível de sintonia exigido para o controle muscular de precisão. O kuru e a DCJ provavelmente afetam a fala não através de lesão direta dos centros cerebrais superiores da fala mas desligando a complexa sincronia necessária para coordenar a respiração, a laringe, o palato, a língua e o controle labial. Creutzfeldt comentou em seu relatório sobre Bertha Elschker que "seus ataques de riso sem motivo" davam a impressão de se tratarem puramente de uma atividade motora. O "riso patológico" que Gajdusek encontrou no kuru provavelmente se originou do mesmo tipo de dano. O andar vacilante, as quedas, a perda de controle muscular, incluindo a incapacidade de engolir, que levou à morte, tudo isso resultou de danos ao cerebelo. Porém não se sabia ainda o que causava esse dano às vítimas do kuru e da DCJ no final da década de 50.

Na época, Carleton Gajdusek e Vincent Zigas já haviam feito sua reivindicação de pioneiros na descoberta do kuru, divulgando os casos em várias publicações médicas e científicas, e Gajdusek fora nomeado cientista visitante no Instituto Nacional de Distúrbios Neurológicos e Derrames do INH. Joe Smadel recomendara a nomeação escrevendo que Gajdusek era "das poucas pessoas na área de medicina que combina a inteligência de um quase gênio com o espírito aventureiro de um corsário". No espírito de um corsário aventureiro, Gajdusek tinha andado 2.400 quilômetros para cima e para baixo em montanhas íngremes nas florestas tropicais orientais da Nova Guiné para definir a extensão do kuru e havia produzido, dirigido e narrado um filmete médico sobre a doença, com ajuda de uma equipe australiana de filmagem, além de recolher centenas de amostras de sangue e histórias médicas, tirar milhares de fotos de pacientes com kuru e enviar mais cérebros a Bethesda.

Todas essas atividades incansáveis não passaram despercebidas. A imprensa australiana exaltou-o e a revista *Time* publicou matéria razoavelmente correta sobre seu trabalho. Gajdusek voltou aos Estados Unidos em 1958 e instalou-se no INH. Organizou uma exposição sobre o kuru, incluindo um grande painel de fotos coloridas sobre patologia cerebral, que primeiro percorreu museus médicos dos Estados Unidos e depois museus no exterior. Em maio de 1959, ele conduziu um debate sobre o kuru numa conferência internacional em Antuérpia, Bélgica. Em junho estava novamente na Nova Guiné e escreveu no seu caderno de anotações: "Finalmente, é como se eu tivesse voltado a casa!"

No final de julho, em Kainantu, Gajdusek recebeu da Inglaterra uma carta notável que mudou o rumo de suas pesquisas. O remetente era um pesquisador americano, William J. Hadlow, com especialização em patologia veterinária. No ano anterior, Hadlow trabalhara no posto de campo do Conselho Britânico de Pesquisas Agrícolas em Compton, a sudeste de Londres, em Berkshire, estudando uma doença antiga mas ainda misteriosa que atacava carneiros.

Nascido e criado em Ohio, Estados Unidos, Bill Hadlow tinha 38 anos em 1959, dois mais que Gajdusek. Era um homem elegante e bonitão, de testa alta e queixo quadrado, inteligente e meticuloso e tão reservado quanto Gajdusek era extrovertido. Hadlow tinha sido "emprestado" à Inglaterra por um laboratório num posto avançado do INH em Hamilton, Montana, num lindo vale junto à magnífica serra Biterroot, nas Montanhas Rochosas. O Laboratório das Rochosas fora montado pelo estado de Montana na década de 20 para estudar uma doença mortal causada por carrapatos, a febre da mancha. Havia carrapatos em todo o estado, mas o povo de Montana ficou tão preocupado com a possibilidade de os carrapatos que o laboratório estudava fugirem e atacarem a cidade que seus construtores decidiram cercar o prédio de dois andares de tijolos vermelhos com um pequeno fosso – uma versão precoce e bastante cosmética de um sistema de contenção biológica. Quando Hadlow chegou em 1952, o fosso já tinha sido aterrado e o laboratório havia passado ao INH.

Hadlow era especialmente capacitado a explorar a patologia animal e a humana. Depois de se diplomar veterinário no estado de Ohio em 1948 e trabalhar durante um verão para um veterinário numa cidade ao norte de Nova York com inseminação artificial de vacas para um fabricante de laticínios, tinha aceitado um convite da Universidade de Minnesota para montar um departamento de patologia na nova faculdade de veterinária. "Era realmente esperar muito de um recém-formado", comentou Hadlow comigo quando o entrevistei em Hamilton, em 1995. Em 1948, a patologia animal ainda não era uma especialidade veterinária; o que Hadlow verdadeiramente queria era treinamento de campo. Logo após chegar a Minnesota, atravessou o campus e foi à faculdade de medicina, onde encontrou seu professor de patologia ao microscópio, fumando charuto, e convenceu-o a deixá-lo estudar patologia humana junto com os demais alunos de medicina.

Hadlow começou a freqüentar todos os cursos oferecidos pelo departamento. Obteve também experiência prática. "Eu tinha de ajudar nos estudos cirúrgicos que chegavam", ou seja, os estudos de tecidos retirados em cirurgias humanas. "Eu também precisava auxiliar nas autópsias e naquela época tudo era canalizado para o departamento. Havia apenas alguns patologistas em Minneapolis e St. Paul e eles realizavam muito mais autópsias do que hoje em dia, talvez 60 ou 70 por cento das autópsias das pessoas que morriam nas Cidades Gêmeas*. Mandavam a gente ir com um residente-médico a alguma fria sala mortuária no porão de um pequeno hospital para fazer autópsias. Lembro-me de um dia em que voltei de bonde para casa, carregando um vidro com tecido embebido em uma solução. Nem me lembrei de pôr o vidro num saco de papel. O que interessa é que fui bem treinado. Nunca tive um treinamento formal de diplomado em patologia veterinária. Foi todo em humanos. Tive de aprender por mim mesmo a patologia em animais."

A doença de carneiros que Bill Hadlow foi estudar em 1958 na Inglaterra era chamada de *scrapie* (doença da coceira). O nome descreve o mais óbvio sintoma: os carneiros contaminados pela doença coçam-se com tanto vigor que arrancam a lã dos flancos ao se esfregar contra muros, árvores e cercas em busca de alívio. Os carneiros doentes também cambaleiam, tremem, ficam cegos, caem e, com o tempo, morrem. Não se sabia o que causava a enfermidade nem como se originava. Parecia ser algo nunca visto. O registro mais antigo de ocorrência data de 1730, quando se informou sobre carneiros contaminados no leste da Inglaterra, mas o mal já existia na Europa Central. Pode ter chegado lá com os excelentes carneiros merinos da Espanha negociados com o norte do continente desde a Idade Média para melhorar a qualidade da lã européia e inglesa. Surtos epidêmicos de *scrapie* no século XIX levaram as autoridades européias a pôr de quarentena e abater rebanhos inteiros contaminados, mas os proprietários de carneiros, muitos dos quais acreditavam que a doença fosse hereditária, ocultavam suas perdas e o governo inglês negligenciou o controle do mal. No começo do século XX, o *scrapie* era endêmico na Inglaterra, afetando anualmente cerca de 1 por cento

*Minneapolis e St. Paul.(N.T.)

Carneiro contaminado com *scrapie*.

dos carneiros adultos. Dado que há séculos as pessoas comiam carne de cordeiro e carneiro de rebanhos contaminados pela doença, ela evidentemente não se propagava entre os homens, mas causava sérias perdas aos fazendeiros.

Na década de 30, veterinários franceses demonstraram que o *scrapie* era contagioso. Retiraram e homogeneizaram tecido de um carneiro que sofria naturalmente do mal e o injetaram em animais sadios. Após longo período de incubação, cerca de 30 por cento dos animais começaram a evidenciar sintomas da doença e acabaram morrendo. Os pesquisadores franceses repetiram a experiência com bodes, que provaram ser cem por cento suscetíveis: todos os que receberam a injeção contraíram a doença e morreram.

Mais ou menos na mesma época dessa pesquisa francesa, o dr. William Gordon, diretor do posto avançado em Compton onde mais tarde Hadlow trabalharia, acidentalmente realizou na Inglaterra um experimento em grande escala sobre a transmissão do *scrapie*. Gordon e sua equipe criaram uma vacina para um vírus de carneiro transmitido por carrapatos que provocava a doença dos saltos (o vírus produzia danos cerebrais que faziam os carneiros pularem ao andar, um estranho modo de andar que os ingleses chamam de saltitante). A vacina consistia em cérebro homogeneizado, tecido da medula espinhal e do baço retirado de carneiros contaminados pela doença dos saltos diluído em solução salina e tornado inativo com pequena quantidade de formol. Em 1935 e 1936, Compton produziu 44 mil doses de vacina contra a doença dos saltos. Em 1937, para horror de Gordon, os carneiros vacinados com o lote fabricado em 1935 desenvolveram o *scrapie*. A vacina estava evidentemente contaminada. Conta Gordon: "Visitei a maioria das fazendas em que os carneiros haviam sido vacinados em 1935. Jamais esquecerei minha profunda emoção ao ser calorosamente recebido, devido aos grandes benefícios resultantes da vacina contra a doença dos saltos, ao passo que o objetivo principal de minha visita era determinar se o *scrapie* estava aparecendo nos carneiros vacinados." Somente o longo período de incubação deste mal salvou a reputação de Gordon entre os criadores de carneiros. Uma vez que muitos animais tinham três ou quatro anos de idade quando foram vacinados contra a doença dos saltos, a maioria fora abatida antes que o *scrapie* se manifestasse. Uma lição ensinada pelo acidente com a vacina foi a de que o *scrapie* é resistente. O formol é um potente antisséptico usado para embalsamar. Ele matou o vírus da doença dos saltos no preparo da vacina, mas o agente do *scrapie* que contaminou o material permaneceu vivo.

O *scrapie* surgiu nos Estados Unidos em 1947, numa fazenda de Michigan, onde carneiros Suffolk puros provenientes da Inglaterra haviam sido importados do Canadá. Houve maiores surtos na Califórnia em 1952 e em Ohio em

1954. Hadlow me contou que o Ministério da Agricultura dos Estados Unidos "criou um programa de abate": quando o *scrapie* se manifestava em certo rebanho, veterinários do ministério determinavam que todo o rebanho fosse abatido como forma de conter a doença. O ministério também embargou importações de carneiros ingleses. "Isto provocou muito interesse nos ingleses em realizar mais pesquisas." Não havia laboratórios nos Estados Unidos onde os pesquisadores americanos pudessem analisar o *scrapie*. Os interesses de pesquisa dos ingleses e americanos obviamente coincidiam e os ingleses tinham os laboratórios. Para viabilizar o trabalho, o Ministério da Agricultura dos Estados Unidos encontrou uma verba que restara da Segunda Guerra Mundial – de um programa para garantir alimentos saudáveis para as tropas americanas no exterior. "Eles, porém, não tinham ninguém com experiência no *scrapie*", observa Hadlow. O ministério decidiu mandar alguém a Compton para estudar a doença durante dois anos. O escolhido foi Hadlow.

Hadlow recorda que Gordon dirigia Compton "como uma pequena propriedade particular". O local de mais de dois mil hectares era grande pelos padrões ingleses, compreendendo três granjas de laticínios e criações de porcos e galinhas. "O propósito ostensivo das criações era fornecer cobaias para as experiências, mas o velho Bill Gordon era um escocês sovina e se aproveitava para manter um negócio lá", vendendo leite e carne como subprodutos. "Ele ficou meio desapontado quando cheguei porque estava esperando um virologista. Respondi que era patologista e que era disso que o Ministério da Agricultura estava precisando ali." Hadlow e a mulher passaram a residir na casa principal.

"Achei que poderia melhor contribuir para o esforço dos ingleses se examinasse os cérebros" – conta Hadlow –

"que costumavam ser jogados fora." A característica principal do diagnóstico do *scrapie* eram os orifícios no cerebelo. Para confirmar um diagnóstico, os patologistas ingleses examinavam determinada parte do cerebelo de um carneiro ou bode, identificavam a degeneração espongiforme e atiravam fora o resto do cérebro. Hadlow resolveu verificar que outros danos a doença provocava no cérebro dos animais. Gordon ofereceu-lhe um assistente competente. "Ele era ótimo, tive sorte em contar com ele. Costumávamos seccionar volumosas partes dos cérebros de carneiros e bodes. Ele tinha um possante facão e conseguia retirar grandes fatias. Nada parecidos com os pedacinhos que normalmente se cortam e fazem a gente perder metade do dia para determinar do que se trata. Eu examinava excelentes partes." Ao analisá-las ao microscópio, Hadlow identificou outras características dos danos cerebrais causados pela doença, além dos orifícios no cerebelo. As células nervosas encolhiam ou simplesmente sumiam. A característica massa esponjosa estava presente não apenas no cerebelo mas também na camada externa do cérebro, o córtex cerebral, a parte utilizada para o raciocínio. Importantíssima e antes negligenciada nos estudos sobre o *scrapie* era a proliferação e anormal multiplicação de células gliais sob a forma de estrelas, fenômeno chamado astrogliose. Hadlow assim resume o que aprendeu: "Após um ano observando a doença desenvolver-se clinicamente em muitos animais, examinando muitos crânios e absorvendo de várias fontes o que se conhecia sobre ela, acreditei ter uma boa noção do que é o *scrapie*: é uma doença degenerativa do cérebro, não inflamatória, causada por um agente infeccioso cuja melhor avaliação à época era de que se tratava de um vírus. Eu não tinha conhecimento de outra enfermidade semelhante, no homem ou no animal."

Um amigo de Hadlow, um colega do Laboratório das Rochosas, Bill Jellison, deu um pulo em Compton no fim de junho de 1959 a caminho de casa, após ter assistido a uma reunião científica na Europa Oriental. "Naquela noite, no jantar, ele casualmente comentou que eu talvez me interessasse por uma exposição no Museu Médico Wella, em Londres, a que ele havia ido na véspera. Era sobre uma estranha doença cerebral de um povo primitivo da Nova Guiné." A exposição era a mostra itinerante de Carleton Gajdusek sobre o kuru. Hadlow ficou curioso. No início de julho pegou um trem e partiu rumo a Londres para ver a exposição.

A mostra era no primeiro andar do museu, logo após a entrada principal. As grandes fotos coloridas dos fores – o povo e o lugar – eram interessantes, mas Hadlow se concentrou nas fotomicrografias coloridas de partes do cérebro cheias de buracos. Por experiência, sabia que orifícios eram incomuns no cérebro humano e lembrou-se imediatamente da degeneração espongiforme que estudara em carneiros e bodes no ano anterior. Anotou os títulos de vários trabalhos de Gajdusek e Zigas. Ao voltar a Compton, escreveu a Gajdusek no INH pedindo cópias dos artigos. A secretária de Gajdusek enviou-os no início de julho e Hadlow os leu fascinado, surpreso com as semelhanças entre as duas doenças. "Achei fantástica a semelhança entre o kuru e o *scrapie*", conta. Resolveu que as semelhanças eram potencialmente importantes demais para guardar isso para si mesmo. Levou uma semana rascunhando uma carta cautelosa ao editor da prestigiosa revista médica inglesa *Lancet*; a correspondência foi mandada em 18 de julho. Três dias depois, preocupado com uma greve de impressores na Inglaterra que podia retardar a publicação, Hadlow mandou uma cópia da carta a Gajdusek no INH. A carta foi encaminhada a Kainantu, onde o "corsário quase genial" de Joe Smadel a recebeu no começo de agosto.

A carta de Hadlow à Lancet comparava as duas patologias. "As duas doenças" – escreveu – "são endêmicas em certas populações confinadas, sejam rebanhos ou tribos, nas quais a incidência normal é baixa, entre 1 e 2 por cento. Carneiros ou pessoas podem ser clinicamente afetados meses depois de terem saído do rebanho ou da comunidade. Ademais, o *scrapie* pode surgir em um rebanho antes não contaminado após a chegada de um carneiro ou ovelha proveniente de um rebanho infectado. Da mesma forma, o kuru pode ser introduzido pelo casamento em populações anteriormente livres da doença. Entretanto, o exato mecanismo subjacente à disseminação de uma e outra enfermidade continua desconhecido." Assim como a causa: "Não se isolou nenhum agente microbiológico, nem existe comprovação convincente de que o *scrapie* ou o kuru seja uma doença infecciosa, no sentido geralmente aceito." Hadlow achava que a história natural e os sinais e sintomas dos dois males eram "incrivelmente parecidos. O surgimento de ambos os distúrbios é traiçoeiro e ocorre na ausência de sinais de doenças anteriores". Ambas as enfermidades se desenvolviam sem febre e progrediam de forma inexorável. "Os dois males costumam causar a morte entre três e seis meses depois de se manifestarem." As duas doenças tinham os mesmos sinais: perda de coordenação, "que se torna cada vez maior, tremores e alterações comportamentais". Da mesma forma, as mudanças no cérebro eram notavelmente idênticas: ampla degeneração dos nervos, astrogliose, ausência de inflamação e, especialmente, os orifícios característicos. "Grandes vácuos de uma ou várias 'bolhas de sabão' nas células nervosas de há muito são considerados característicos do *scrapie*; essas alterações muitíssimo incomuns, raramente observadas em material neuropatológico humano, ocorrem também com o kuru."

Hadlow chegou então ao ponto culminante: o *scrapie* podia ser transmitido experimentalmente de carneiro a carneiro e de carneiro a bode. Se uma doença de carneiros na Inglaterra e um mal de seres humanos na Nova Guiné eram incrivelmente semelhantes em tantos outros aspectos, deduz-se que o kuru *também* poderia ser transmitido experimentalmente, comprovando assim que seria também uma doença infecciosa. Hadlow não disse o óbvio: que os cientistas não podiam realizar suas experiências com seres humanos. Propôs a segunda alternativa melhor (do ponto de vista humano): "Talvez valesse a pena examinar a possibilidade de indução experimental do kuru em primatas de laboratório." Se fosse possível contaminar um chimpanzé ou um macaco com o kuru, isso viabilizaria a realização de estudos laboratoriais para identificar o agente infeccioso.

A carta de Hadlow deve ter assombrado Carleton Gajdusek. Apesar de seu conhecimento enciclopédico das doenças humanas, era um homem urbano e jamais ouvira falar da doença dos carneiros. Em 6 de agosto, escreveu a Hadlow, "profundamente grato" pela carta do veterinário, mas preferiu não reconhecer seu desconhecimento do *scrapie*. Também resolveu dar a impressão de que experiências do tipo sugerido por Hadlow já estavam em andamento. Escreveu que "até agora não tivemos sorte com os experimentos por inoculação e a possibilidade de realizar mais experiências é pequena até a data. Continuamos, porém, a agir em conformidade com isso e materiais frescos e congelados serão injetados em vários animais hospedeiros nas nossas pesquisas sobre o kuru este ano". Esta afirmação encobriu muito a verdade, conforme admitiu Gajdusek numa conferência vários anos depois. Antes de chegar a carta de Hadlow, ele dissera que "era muito improvável que o kuru fosse infeccioso". A carta o havia "forçado a reconsiderar o problema". Os bons cientistas são competitivos e nenhum deles possuía essa característica mais intensamente que Carleton Gajdusek, na época em que o kuru começava a ser pesquisado. Tinha havido esforços modestos para infeccionar culturas de tecidos, embriões de pintos, camundongos, cobaias, coelhos e ratos com o kuru e pensara-se em contaminar primatas, mas em agosto de 1959 a primeira inoculação em um chimpanzé – realizada numa reserva governamental agreste próxima a Washing-ton, D.C. – ainda estava a quase quatro anos de distância.

Terceira Conexão...

ESPÉCIE	DOENÇA	PROGNÓSTICO
homem	kuru	fatal
homem	Creutzfeldt-Jakob	fatal
carneiro	*scrapie*	fatal

4
Cruzando a barreira das espécies

Serra Oriental da Nova Guiné; Bethesda, Maryland; Hamilton, Montana, 1959-1963

CARLETON GAJDUSEK deixou a Nova Guiné no início de setembro de 1959 e voltou a Bethesda para descobrir mais sobre a doença dos carneiros. A idéia de Bill Hadlow de que o *scrapie* e o kuru pudessem estar ligados abriu um território novo e promissor nas pesquisas sobre o kuru. Se o kuru e a doença de Creutzfeldt-Jakob eram enfermidades raras de origem desconhecida, a doença dos carneiros tinha longo histórico e já se havia comprovado ser infecciosa.

Joe Smadel tinha conhecimento do *scrapie*. Gajdusek ficou sabendo da realização de mais pesquisas sobre a doença em Compton e no Instituto Moredon de Edimburgo, Escócia, antes da Segunda Guerra Mundial. Foi também informado de que o patologista islandês Björn Sigurdsson descrevera em 1954 uma forma da doença na Islândia, chamada *rida*, e propusera que esses vírus infecciosos raros fossem agrupados em uma nova categoria própria, a dos "vírus lentos". Sigurdsson salientou que nosso conhecimento das doenças infecciosas baseava-se em infecções agudas como o sarampo, a poliomielite e a gripe, em que um micróbio entra no corpo, se estabelece, se multiplica e se propaga. O resultado é que em poucas horas ou dias aparecem os sintomas e o corpo toma providências defensivas, "seguindo-se um período de luta entre o invasor e o hospedeiro, que costuma durar alguns dias"; depois disso, o hospedeiro morre ou se recupera. Sigurdsson observou que, além das infecções agudas, existiam infecções crônicas como a tuberculose e a malária, em que invasor e hospedeiro combatiam às vezes durante anos, "em batalha longa e incerta".

Com a *rida* a batalha era longa, mas não incerta. A doença seguia um curso mais ou menos padronizado, tão uniforme quanto o curso das infecções agudas, mas o período de incubação era extremamente demorado. Na opinião de Sigurdsson, diferença ainda mais importante era a falta de uma reação imune – de inflamação. "Fica-se até tentado a suspeitar que não há reação imunológica efetiva nas infecções lentas, que avançam durante muito tempo sem tomar conhecimento dos obstáculos, até matar. Se por acaso ocorre uma reação imunológica, não é eficaz." Como a reação imunológica representa o esforço do corpo para destruir a proteína estranha do agente infeccioso, Sigurdsson aventou a possibilidade de os agentes infecciosos dos vírus lentos se adaptarem tão bem a seus hospedeiros, "tão bem camuflados", que pareçam ao corpo seu próprio tecido. Da mesma forma que com as placas amilóides, essa conjetura seria mais uma pista importante, mas nem Sigurdsson nem Gajdusek nem ninguém sabia na ocasião como segui-la até chegar às devidas conclusões.

Gajdusek pessoalmente continuava a acreditar que a hereditariedade acabaria sendo a explicação mais provável para o kuru, mas aceitava que era necessário primeiro eliminar a hipótese de que a causa fosse um vírus lento. Se o kuru fosse infeccioso, o modelo do vírus lento explicaria por que os pequenos animais de laboratório que seus colegas haviam inoculado não incubaram a doença. Os animais foram observados no máximo durante alguns meses, enquanto o período de incubação de um vírus lento podia perfeitamente ser medido em anos, talvez até mais tempo do que a expectativa de vida dos animais. A sugestão de Hadlow de que o kuru fosse inoculado em primatas não humanos fazia sentido imunologicamente, porque chimpanzés e macacos eram os parentes animais mais próximos do homem e, portanto, provavelmente os mais suscetíveis à doença. Entretanto, Gajdusek percebeu, pesaroso, que para obter resultados precisaria apoiar os experimentos de inoculação durante anos.

Hadlow e Gajdusek encontraram-se pela primeira vez em Washington, no final de novembro de 1959. O programa de erradicação da doença das ovelhas instituído pelo Ministério da Agricultura dos Estados Unidos estava enfurecendo os proprietários de rebanhos. O governo federal pagava uma compensação pelo abate em massa dos rebanhos infestados pelo *scrapie*, mas as quantias eram baixas demais e não cobriam a substituição dos animais puros de alta qualidade. Nem os criadores queriam destruir a linhagem de carneiros de raça pura que haviam passado anos aperfeiçoando. Encontraram apoio para sua discordância no trabalho de H.B. Parry, pesquisador influente mas mal orientado da Universidade de Oxford, que estava convencido de que a doença era hereditária, apesar das repetidas transmissões experimentais de carneiros a carneiros e de carneiros a bodes. James Hourrigan, veterinário do Ministério da Agricultura encarregado do programa de erradicação da doença decidiu formar um grupo itinerante para apresentar os fatos aos irados proprietários de carneiros. Hourrigan convidou Hadlow, William Gordon, diretor de Compton, John Stamp, diretor do Instituto Moredun, e outro funcionário do ministério. Começaram com apresentações em Washington no dia 23 de novembro. Hadlow se lembra de haver notado Gajdusek, "o rapaz de cabelo cortado a zero que permaneceu silencioso no fundo da sala enquanto eu dava minha palestra", e de haver falado com ele depois. Os dois cientistas cotejaram observações escritas sobre o kuru e a doença dos carneiros e discutiram a inoculação em primatas.

A viagem idealizada por Hourrigan para tratar da doença enfrentou criadores hostis em Columbus, Chicago, Denver e São Francisco. Hadlow me contou que "não chegaram à agressão física, mas o alarido foi grande e houve certa turbulência. Jim, porém, soube lidar bem com a situação". Gajdusek negociou a renovação do visto com os australianos e voltou à Nova Guiné no começo de 1960. Encontrou Vincent Zigas bebendo e muito nervoso com uma crise doméstica: a mulher dele, dizendo-se farta do kuru, partira para Sydney. Mais uma sinistra série de incursões no sertão australiano se estendeu até maio; numa das viagens, Gajdusek escapou por um triz do ataque de guerreiros de um grupo lingüístico conhecido em redor da Nova Guiné naquela época como kukukuku, palavrão que quer dizer mais ou menos "putos". Os kukus (hoje conhecidos como angas, nome criado por Gajdusek) eram os apaches da Nova Guiné e possivelmente os verdadeiros aborígenes da ilha, com traços arqueológicos que remontavam a 60 mil anos: eram ferozes, arrogantes e, claro, os favoritos de Gajdusek. Eram os vizinhos mais próximos dos fores da outra margem do caudaloso rio Lamari, mas, apesar de sua proximidade e de cultura material e regime alimentar semelhantes aos dos fores, não mostravam sinais do kuru. Serviam a Gajdusek como grupo de controle em comparações epidemiológicas e ele os estudava muito. "Tirando pouquíssimos dias este ano"– escreveu a Joe Smadel em maio –, "tenho vivido e trabalhado em vilas chamadas 'selvagens' e muitas vezes em vilarejos antes não visitados pela civilização, onde o homem civilizado jamais pôs o pé." Prosseguia informando os resultados de seus estudos sobre o kuru, a lepra e outras doenças, incluindo sua coleção de mais de mil amostras de sangue e urina e "muitas outras autópsias, que estão 'endurecendo' com fixador em Kainantu". De significado mais importante para ele, pessoalmente, foi seu prolongado encontro com esses povos pré-modernos. "Faço questão de enfatizar que tudo isso tem menos significado em minha mente do que as observações e a experiência obtidas em meu estreito relacionamento com essas excentricidades e 'orquídeas' da cultura humana – frágeis e na iminência da extinção, mas reveladoras do homem e de sua condição como talvez jamais seja visto novamente!"

Gajdusek se incomodava por ser um agente de perturbação. Escreveu em seu diário que preferia as culturas primitivas à sua própria. Entretanto, era um médico comprometido a curar os doentes:

> É uma terrível vergonha antropológica e uma perda para a humanidade de uma das culturas mais pitorescas a decorá-la, mas essas orquídeas da cultura não conseguem sobreviver no solo de nutrição artificial da civilização. Não podemos curar-lhes os desvios de rota nem suas úlceras, salvar-lhes os filhos moribundos, retirar-lhes as flechas nem tratar-lhes as feridas sem virmos até eles. Não podemos vir a eles sem trazer-nos nós mesmos e nossas vidas

até seus horizontes e então recusar-lhes os pedidos para conhecer outros mundos, nem concordar com aqueles que viriam estudá-los, observá-los, e especialmente os que querem 'ajudá-los' ou mudá-los em algum aspecto (incluindo o fim das lutas armadas, dos assassinatos, do medo, da superstição, da fome ou da peste) e não obstante os 'deixariam como eram, primitivos e pitorescos'... é um insulto às suas aspirações e inteligência humana e jamais daria certo. Ao vir para cá nós nos comprometemos com as mudanças e somos seus agentes. As alterações nos perturbam, pois sabemos melhor do que eles como ocasionalmente os frutos da civilização podem ser insatisfatórios, descorados e improfícuos.

Sua decisão pessoal sobre o conflito foi simplesmente passar a maior parte do tempo possível na Serra Oriental, vivendo, estudando, fazendo experiências e registrando a vida na Nova Guiné em suas anotações e em filme. Certa época ele observou um festim canibal e até o filmou, segundo ele, mas nunca divulgou o filme. "Ao observarem crianças sendo treinadas nas lutas armadas"– contou a Smadel em sua carta de maio –, "bebês engatinhando sobre cadáveres, jovens se submetendo a perfurar o nariz, ao isolamento e a outros rituais de 'iniciação', e a homossexualidade padronizada, a heterossexualidade juvenil, a poligamia e muitos outros modelos psicossexuais em ação, salta aos olhos o despropósito de muitas de nossas especulações pseudocientíficas e filosofias expostas nas publicações científicas. Mas o que fazer com essas observações, como realizá-las e registrá-las e o que concluir não são problemas simples e não serei rápido em solucioná-los."

Ao voltar naquele inverno aos Estados Unidos (após uma viagem secundária ao deserto do Líbano para uma pesquisa sobre a malária), Gajdusek foi visitar os importantes centros de estudo da doença dos carneiros em Compton, em Edimburgo e na Islândia. Depois escreveu: "Voltei convencido de que precisávamos urgentemente dedicar-nos à vacinação e observação a longo prazo de animais, especialmente primatas." Em Londres recorreu aos serviços de uma experiente neuropatologista, Elisabeth Beck, para estudar cérebros atacados pelo kuru. Beck dissecara para Parry, em Oxford, 34 cérebros contaminados pelo *scrapie* e conhecia as lesões características dessa enfermidade. Gajdusek chegou a Bethesda com os inóculos dessa doença trazidos de Compton lacrados em diversos tubos de ensaio, violando a quarentena do Ministério da Agricultura dos Estados Unidos para evitar atrasos burocráticos mas metendo-se em sérios problemas posteriores. A doença daria à equipe que ele planejava reunir para pesquisas com primatas uma experiência em estudos sobre vírus lentos, a começar por uma tentativa de transmitir a doença dos carneiros a camundongos.

Gajdusek planejava ir além do kuru e do *scrapie*. Com sua fanfarronice típica, estava decidido a analisar todo o terrível espectro de doenças neurológicas crônicas do homem, incluindo o mal de Parkinson, a MLG e a esclerose múltipla. Há muito os médicos suspeitavam de que essas doenças se originavam em uma infecção, embora nenhum agente das doenças tivesse jamais sido observado. A organização de um alentado estudo com primatas possibilitaria experimentos de transmissão de uma gama dessas doenças e ajudaria a justificar os altos gastos envolvidos.

O longo período de incubação do *scrapie* – cinco anos em carneiros, até um ano em cabras – apavorava Gajdusek, treinado como virologista de infecções agudas. Se o kuru exigisse tanto tempo de incubação quanto o *scrapie* – e poderia ser até mais demorada – os experimentos habituais, em série, poderiam levar uma eternidade. Contaminar o animal A, esperar até os sintomas surgirem plenamente, sacrificar o animal, demonstrar a doença em seu cérebro, usar o tecido desse cérebro para contaminar o animal B, esperar até *seus* sintomas aparecerem... Que jovem cientista se poderia dar ao luxo de dedicar dez anos ou mais de carreira para saber se o agente transmissor de doenças de um ou dois animais era ou não infeccioso? Recentemente, em Compton, haviam infeccionado com êxito, pela primeira vez, camundongos com a doença dos carneiros, e eles poderiam transmitir a doença mais depressa (foi para dar início a esse trabalho que Gajdusek havia ilegalmente transportado inóculos do *scrapie*, violando a quarentena imposta pelo Ministério da Agricultura dos Estados Unidos). Ele também se deu conta de que poderia reduzir o período de incubação realizando algumas experiências paralelas, injetando em alguns primatas simultaneamente inóculos de diferentes casos de kuru e diversos diluentes de material do mesmo caso.

Fosse qual fosse a prestidigitação biológica que aplicasse ao problema, ele estaria de qualquer forma envolvido em uma grande operação na qual realmente não acreditava e depois teria de esperar anos pelos resultados. Decidiu que teria de vender o projeto a colegas que considerava "mais pacientes e menos ambiciosos" e em seguida "aguardar com ceticismo seu primeiro êxito" antes de ele mesmo participar efetivamente do projeto.

Afirmou precisar de um local "onde ninguém pudesse ver o que estávamos fazendo". O governo federal tinha à disposição vastos recursos; Gajdusek encontrou seu refúgio numa instalação administrada pelo Programa de Espécies Raras e em Extinção do Serviço de Pesca e Vida Selvagem do Ministério do Interior: eram 40 mil hectares de lagos, charcos e bosques confinados entre Washington e Baltimore, ao sul de Fort Meade. O lugar se chamava Centro de Pesquisas da Vida Selvagem de Patuxent. No interior de Patuxent, o que restara de uma fazenda: uma grande estrebaria e um local menor para extração de leite e preparo de derivados, posicionados em ângulo reto entre si, o que dava a Gajdusek um núcleo de edificações. Em 1961 o Serviço de Pesca e Vida Selvagem aprovou o projeto, mas negociações entre o INH e o Ministério do Interior, tão complicadas quanto um tratado internacional, se arrastaram por dois anos, antes que se desse início à construção de um local para os primatas num prédio não isolado feito de blocos de cimento.

No verão de 1961, Gajdusek e Joe Smadel tentaram conseguir Bill Hadlow para dirigir o programa de inoculação dos primatas. Na época, Hadlow estava em Montana, preparando-se para pesquisar a doença dos carneiros no Laboratório das Montanhas Rochosas. "Eles me disseram que iam vacinar chimpanzés e fariam o que eu mandasse", conta. Hadlow afirma haver deduzido injustamente "que quem aceitasse o trabalho seria uma espécie de tratador de luxo de macacos. Assim, respondeu que não estava interessado. "Puxa, eu havia me estabelecido em Montana fazia pouco, minha mulher acabara de dar à luz e eu não tinha a menor vontade de me mudar de novo." Sem queixas, Hadlow voltou a Montana para dedicar-se às pesquisas sobre a doença dos carneiros.

Gajdusek e Smadel recorreram então a um doutor em virologia de Washington, um homem baixo, firme e determinado, chamado Clarence Joseph Gibbs Jr., especializado em vírus transmitidos por insetos e que já havia criado uma vacina bem-sucedida para a febre de Rift Valley, doença que afeta animais e homens na África Oriental. Joe Gibbs trabalhara para Smadel no Instituto Walter Reed. Um dia deu uma passadinha no escritório de Smadel para informar ao diretor adjunto do INH que planejava aceitar uma bolsa da Fundação Rockefeller para realizar pesquisas no Brasil. Ele conta que "a reação de Smadel foi imediata e violenta – no seu estilo inimitável, pôs o dedo na minha cara e disse: 'Droga, Gibbs, você não vai para o Brasil coisa nenhuma!'" Gibbs então perguntou a Smadel para onde poderia esperar ser "desterrado" e Smadel respondeu-lhe que iria para Patuxent.

Gibbs relutou em trocar seus arbovírus pelos vírus desconhecidos do kuru. Gajdusek tentou atraí-lo durante o almoço, prometendo que ele poderia continuar seu próprio trabalho. Omitiu, porém, que esse trabalho poderia mantê-lo ocupado enquanto esperasse interminavelmente pela incubação do kuru. Gajdusek acrescentou que poderiam "escolher o que fazer". Gibbs também conversou com Bill Hadlow. Foi Smadel que conseguiu convencê-lo. "Para mim foi fácil decidir depois que o dr. Smadel me falou como um pai nos seguintes termos: 'Joe, quero que você assuma esse trabalho. Garanto que em cinco anos terá maravilhosos resultados, positivos ou negativos; e tenho certeza de que eles serão positivos.'" Gibbs comprometeu-se com o que Gajdusek hoje chama de "Estudo das Infecções de Vírus Lentos, Latentes e Temperados". Nos meses seguintes, o resoluto jovem virologista inoculou em milhares de camundongos o *scrapie*, o kuru e outras doenças neurológicas do homem. Quando Gibbs se instalou no INH para organizar os estudos de transmissão, Gajdusek voltou à Nova Guiné.

Encontrou os fores em crise e um casal de antropólogos morando na vila de Wanitabe, no Fore do Sul. O americano Robert e a australiana Shirley Glasse (hoje Lindenbaum) deram com o vilarejo numa viagem de reconhecimento ao sul de Okapa num Land Rover. As autoridades locais os receberam e se ofereceram para construir-lhes uma casa. Eles aceitaram e pagaram a construção de sapê com sal, fumo, tecidos, contas e outros artigos. Depois os Glasse souberam que os chefes locais tinham sido enganados dez anos antes por marginais do Fore do Norte e interpretaram a chegada dos antropólogos como uma compensação. Os fores do Norte haviam vendido aos líderes de Wanitabe um falso culto a cargas, instruindo-os a transformar magicamente matérias-primas locais em mercadorias comerciais ocidentais em troca de carne de porco. Os chefes contaram aos Glasse que tinham carregado areia, seixos e lascas de madeira para uma casa especial "de cargas" – os fores do Norte os haviam alertado para não espiar enquanto a mágica se realizava –, "fumado cachimbos e comido cascas de árvores (alucinógenas) até que nossas gargantas se ressecaram e nossas cabeças giraram", mas quando finalmente entraram na casa para inspecionar, não encontraram facas, armas, balas nem "dinheiro de concha".* Começaram a aplicar o mesmo golpe em seus vizinhos sulistas e recuperaram parte das perdas, mas sua credulidade os constrangia por demais, até a chegada dos Glasse. "Nossa decisão de construir uma casa e nos estabelecermos na comunidade"– escreve Shirley Lindenbaum – foi considerada a chegada atrasada das mercadorias 'européias' esperadas por eles fazia uma década." Os chefes de Wanitabe resolveram chamar de "loja" a casa que construíram para os Glasse.

Quando começou a trabalhar entre os fores do sul naquele verão, Shirley Lindebaum tinha 28 anos. Era uma australiana calorosa, extrovertida e atraente, com uma pele de pétalas de rosa e cabelo louro escuro. Na universidade, na Austrália, ia se formar em inglês, lendo velhas sagas nórdicas, quando sua cunhada chegou, após estudar antropologia em

* Assim chamado porque as conchas polidas, abundantes nos mares quentes, eram usadas como dinheiro entre povos primitivos. (N.T.)

Oxford. As duas passaram um dia juntas na praia. A força intelectual e o alcance filosófico da antropologia, que lhe foram transmitidos pela cunhada, a cativaram. A sensação australiana de viver na extremidade da terra, no fim do mundo, condicionou-a a essa revelação. Lá, naquele fim de mundo, achavam que era preciso *subir* para chegar à civilização européia, com a Ásia no caminho. O pai de Lindenbaum era um comerciante de madeira. "Lamento dizer que minha família derrubou as florestas originais da Austrália Oriental"– contou-me, irônica. Sua geração não era a dos pioneiros, mas a das cidades e dos subúrbios; as aspirações, porém, subsistiam. Depois do encontro com a cunhada, ela se mudou para Sydney, vendeu seu Volkswagen – o único bem de valor que tinha – e usou o dinheiro para pagar os estudos de antropologia. Jamais se arrependeu.

Descobriu que os fores "eram gente encantadora, embora a relação entre os sexos fosse difícil". Para ela, porém, foi mais fácil, pois vinha de outro lugar. "As mulheres européias são um sexo de transição naquele ambiente, porque agimos como homens e temos riqueza como os homens. Embora não fosse recomendável passar por cima de uma batata-doce que estivesse assando, como eu fiz, porque os homens teriam de jogá-la fora, pois ela talvez tivesse sido contaminada por uma gota de sangue menstrual." As mulheres fores receberam-na bem. "Elas realmente gostaram de ter mais uma mulher ali. Apalpavam meu corpo para ver se era igual ao delas. Eu ia com elas a lugares onde as missionárias não pisavam. Na época, a casa da missão era rodeada por uma cerca muito alta e a mulher e a filha do missionário não saíam. Por isso, as mulheres fores não conheciam realmente nenhuma européia. Eu amei ficar lá. Nunca tive medo e estava sempre cercada de gente muito amistosa."

Lindenbaum entrevistava as mulheres sobre suas vidas. De vez em quando, falavam de seu canibalismo à antropóloga. Uma mulher lembrava-se de ficar olhando, assustada, enquanto a irmã mais velha participava do festim. Comer os mortos jamais era rotineiro. "Elas se escondiam na horta e comiam os mortos à noite, longe dos olhos das pessoas, nas plantações de cana-de-açúcar e às vezes até no cemitério. Isso as excitava eroticamente e lhes dava talvez a sensação de poder feminino. As mulheres atacavam os corpos dos homens. Estavam em seus domínios e os homens eram rechaçados."

Os anos do trabalho de campo dos Glasse – de meados de 1961 a meados de 1963 – coincidiram com o ápice da epidemia de kuru no Fore do Sul. As mortes causadas anualmente pela doença haviam alcançado o ponto culminante em 1959, totalizando mais de 130 vítimas, e elevaram-se novamente para 120 em 1963 – os mortos eram quase todos mulheres e crianças. Lindenbaum escreve que "de 125 homens em Wanitabe com mais de 21 anos, 63 já não tinham mulher viva e dez eram solteiros. Isso quer dizer que pouco menos da metade dos homens adultos de Wanitabe era de viúvos em 1962. Praticamente não existe homem em Fore do Sul que não tenha perdido um parente imediato devido ao kuru. Um chefe perdeu a mãe, a meia-irmã, quatro mulheres, um filho e um enteado. Pigo de Wanitabe, homem de cerca de 45 anos, teve três mulheres e três filhas vitimadas pelo kuru; Anatu de Kamila ficou sem a mãe, quatro mulheres, uma irmã, uma filha e um filho. Os registros genealógicos transmitem a idéia da destruição."

Em resposta a seus temores crescentes de extinção, os fores convocavam grandes reuniões públicas, onde homens e mulheres apelavam por um fim da bruxaria fore. Em uma dessas reuniões, Lindenbaum ouviu uma mulher dizer:

> Por que vocês, homens, estão matando todas as mulheres, roubando nossas fezes das latrinas (para fazer despachos de feitiçaria) e fazendo bruxaria? Nós, mulheres, é que damos a luz a vocês, homens. Tentem encontrar um homem que esteja grávido e nos mostrem. Vocês podem também escavar o cemitério para tentar nos trazer o crânio ou os ossos de um homem sequer, que nós, mulheres, tenhamos matado. Não vão conseguir encontrar nenhum. Vocês, homens, estão tentando acabar conosco.

Como as doenças comuns matariam igualmente homens e crianças, o fato de que a maioria das vítimas do kuru era de mulheres provava aos fores que a bruxaria era responsável.

Além de comparecer às reuniões públicas, os homens fores também perseguiam suspeitos de bruxaria e os matavam em represália. Os caçadores faziam um ataque especial, chamado *tukabu*, contra os feiticeiros: rebentavam-lhes os rins, esmagavam-lhes os órgãos genitais e quebravam-lhes os ossos das coxas com machados de pedra, mordiam seus pescoços e destroçavam-lhes a traquéia, e espetavam farpas de bambu nas veias para sangrá-las. Gajdusek viu mais de um cadáver mutilado e tratou de um homem gravemente ferido num ataque *tukabu*, que mal tinha escapado com vida. Como resultado da epidemia de kuru, os homens superavam as mulheres em média de dois para uma em toda a região Fore do Sul; em alguns povoados a proporção era de três para uma. A perda de homens, conseqüência da matança por *tukabu*, reduziu a disparidade, como se um equilíbrio biológico precisasse ser acionado.

Os homens fores assumiam tarefas originalmente femininas com relutância, como carregar lenha, cuidar da horta, cozinhar e alimentar os filhos. Entretanto, os fores foram os primeiros a notar que o padrão epidêmico estava mudando.

As mortes diminuíam no Fore do Norte, embora permanecessem freqüentes no Fore do Sul. A alteração mais animadora era que menos crianças estavam morrendo de kuru. Quarenta e seis haviam morrido em 1957, e 42 em 1959, mas em 1961 houve apenas 14 óbitos de crianças.

No final de 1961, o médico Michael Alpers, a mulher e a filhinha de dez meses chegaram a Fore do Sul vindos da Austrália. Ele fora designado pelo governo para estudar o kuru durante dois anos. À época, Gajdusek o descreveu em suas anotações como "jovem, tranqüilo e escrupuloso". Alpers tinha ouvido muitas histórias sobre o fantástico americano, mas apesar de sua introdução no cenário para manter uma presença australiana, do que o rebelde americano poderia ressentir-se, ele e Gajdusek se deram bem. Na primavera, em uma viagem de inspeção, descobriram um vulcão desconhecido na Nova Guiné. "Caminhamos numa enorme cratera", conta Alpers, "e nela encontramos um lago amarelo borbulhante. A cada passo víamos escapar o ácido sulfídrico. Chegamos à metade daquela coisa e paramos. Carleton e eu nos olhamos e exclamamos: 'Porra, isto é um vulcão!' Demoramos a perceber isso." Alpers se lembra dessa viagem porque chegou uma mensagem pelo rádio para Gajdusek, avisando que alguém nos Estados Unidos estava morrendo. Gajdusek não sabia se era seu irmão poeta, Robin, Joe Gibbs ou Joe Smadel. A viagem teve que ser interrompida. O problema era com Joe Smadel, mortalmente enfermo, e em julho, ao se preparar relutantemente para voltar a seu país mais uma vez, Gajdusek confiou ao caderno de notas seu temor em retornar à "civilização":

> Tenho vivido num mundo de crianças e de humor infantil, fantasias infantis e paixões infantis há quatro décadas, e não foi preciso que assumisse para isso o papel

irrevogável de pai. Se eu pelo menos puder envelhecer, ridiculamente envelhecer nesse mesmo mundo, serei felicíssimo! Deixo agora esse mundo infantil, o mais extraordinariamente brincalhão e gratificante que existe, e já lamento isso! Essas aldeias fascinantes significam mais para mim do que Washington e Boston. Francamente, estou receoso de voltar para casa e encontrar minha mãe, assistir à morte de Joe Smadel. Reluto também em me ver novamente 'envolvido' com a família, os amigos e suas vidas complicadas.

No Laboratório das Montanhas Rochosas, criou uma ocupação secundária, estudando martas. Os pequenos e ferozes predadores, também conhecidos como cangambás, valiosos por sua pele, são criados em gaiolas em ranchos no norte dos Estados Unidos, no Canadá e no norte da Europa e da Ásia. Hadlow investigava uma grave infecção desses animais, a doença de Aleuta, que causava prejuízos de milhões de dólares anuais. "A marta era um animal novo para mim" – conta ele. - "Precisei aprender a trabalhar com eles. Criei galpões e gaiolas, encontrei uma fonte alimentar, descobri um fornecedor de martas a apenas 19 quilômetros vale abaixo, num pequeno rancho de criação. Acertamos com o dono do rancho que ele não traria nenhuma marta de fora, não faria seus animais participarem de mostras nem deixaria que outros proprietários de martas participassem do nosso trato. Eu faria a autópsia de todos os animais que morressem. Saiu tudo muito bem. Pessoas de outros laboratórios traziam martas para experimentos e metade delas caía doente antes mesmo do início das experiências. Felizmente, eu sempre tinha animais saudáveis."

No começo do verão de 1963, Hadlow recebeu um telefonema do veterinário-chefe do Serviço de Saúde Pública dos Estados Unidos, pedindo-lhe que examinasse martas mortas de um rancho em Blackfoot, Idaho. O veterinário contou a Hadlow que suspeitavam que o rancho abrigasse toxoplasmose, uma doença parasitária que afeta o sistema nervoso central de animais de sangue quente e que pode contaminar seres humanos. "Eu já vinha mexendo com toxoplasmose aqui no laboratório" – conta Hadlow – "e concordei que o homem trouxesse uma marta. Num sábado à tarde ele trouxe um casal de animais que mostrava bons sinais neurológicos. Nós os matamos, fizemos a autópsia e seccionamos os cérebros. Ah! Parecia a doença dos carneiros." Na ocasião se suspeitava que os carneiros propagassem a doença entre si ao comer placenta ou que se contaminassem ao pastar onde outros carneiros já haviam pastado. Desconhecia-se, porém, a doença entre as martas. Após eliminar a possibilidade de toxoplasmose, Hadlow discutiu suas conclusões com alguns colegas. Disseram-lhe que uma doença semelhante ao *scrapie* havia dizimado martas no norte do Wisconsin em 1947 e 1961 e que dois ranchos de lá haviam recentemente informado do surgimento de novos casos. "Era tudo de que eu precisava" – disse-me Hadlow. – "Fui imediatamente para lá." No rancho, encontrou martas sujas andando desnorteadas nas gaiolas, arrastando os quartos traseiros e com as caudas estranhamente arqueadas sobre as costas. Sacrificou dez dos animais doentes, enfileirou os cadáveres numa mesa de piquenique e realizou autópsias 'rápidas e rasteiras'." Vedou as amostras de tecido em provetas com um maçarico emprestado, congelou os tecidos e guardou os cérebros em vidros. Levou tudo para Montana, sob o assento do avião. Assim como as martas de Blackfoot, os cérebros das martas de Wisconsin apresentavam alteração espongiforme, perda das células nervosas e as conhecidas estrelas castanhas da astrogliose. Hadlow usou os tecidos congelados para inocular em algumas das suas martas saudáveis de laboratório. Oito meses depois, os animais inoculados começaram a arrastar os quartos e a rodar pelas gaiolas com a cauda nas costas.

A doença seria chamada de encefalopatia transmissível de marta (ETM). *Enkephalos* era a palavra grega clássica para cérebro; "patia", que significa doença, vem de *pathos*, outro vocábulo grego que originalmente queria dizer sofrimento. A ETM era desconhecida em martas selvagens; parecia doença exclusiva das martas criadas em ranchos. Isso levou os veterinários que pesquisavam a ETM a desconfiar das rações dos animais. As martas são carnívoras e os donos de ranchos costumavam alimentá-las com carne crua, sobras das indústrias de conservas, peixes, fígado e cereais. As sobras industriais – resíduos de animais abatidos – podiam incluir carne ou miúdos de carneiro, de modo que o *scrapie* era o agente mais provável da infecção ETM. Porém o primeiro surto de ETM nos Estados Unidos, ocorrido em Wisconsin em 1947, precedeu a chegada da doença dos carneiros ao estado; o primeiro surto de *scrapie*, também em 1947, se limitara a uma fazenda em Michigan. Isso pelo menos circunstancialmente eliminou a presença de *scrapie* no surto de ETM em 1947. Os veterinários que analisaram o surgimento da ETM observaram em especial que carne de gado encontrado morto ou paralisado e, portanto, considerada inadequada ao consumo humano, fora dada às martas que mais tarde morreram de ETM. No rancho visitado por Hadlow em 1963, as martas haviam sido igualmente alimentadas com carne considerada imprestável. Contudo, não existia doença conhecida de gado que se assemelhasse ao *scrapie*.

Então, tínhamos aí mais uma encefalopatia espongiforme de origem misteriosa e efeito devastador. No surto de 1947, 1.200 martas morreram. Os surtos em Wisconsin em

1961 foram menos letais, matando de 20 a 30 por cento dos rebanhos afetados. O surto de 1963 investigado por Hadlow matou mais 1.200 animais: mortalidade de cem por cento de um rebanho adulto. Não se tinha certeza sobre a *causa mortis*. Os veterinários-pesquisadores puseram mãos à obra para determinar se poderiam transmitir a ETM a outros animais e a doença dos carneiros às martas. Seus experimentos foram simultâneos aos de Gajdusek e Gibbs para transmitir o kuru aos chimpanzés, trabalho que em 1963 finalmente teve início em Patuxent, com resultados surpreendentes.

Quarta Conexão...

ESPÉCIE	DOENÇA	PROGNÓSTICO
homem	kuru	fatal
homem	Creutzfeldt-Jakob	fatal
carneiro	*scrapie*	fatal
marta	encefalopatia transmissível de marta	fatal

5
Vida e morte de Georgette

Centro de Pesquisa da Vida Selvagem de Patuxent e Serra Oriental da Nova Guiné, 1963-1965

JOE GIBBS ACABOU odiando ter de usar chimpanzés nos experimentos médicos. Os primatas, inteligentes e cativantes, eram humanos demais. Fazia anos que Gibbs desistira de inocular doenças mortais nos chimpanzés; hoje ele afirma que "simplesmente não conseguia mais fazer isso". Em 1963, porém, com uma epidemia de kuru matando centenas de mulheres e crianças e dizimando famílias fores, todos os que se dedicavam às pesquisas sobre o kuru endossavam as experiências de transmissão da doença a chimpanzés. O modelo disponível mais próximo do processo da doença que estavam estudando era a transmissão do *scrapie* entre os carneiros. Certas variedades de carneiros eram mais suscetíveis ao *scrapie* do que outras. Por analogia, alguns primatas não humanos seriam provavelmente mais sensíveis ao kuru do que outras, se se comprovasse que a doença era transmissível, e o chimpanzé, o primata geneticamente mais próximo ao homem, era o candidato mais provável. Carleton Gajdusek e Michael Alpers enviariam cérebros frescos atacados pelo kuru de seus postos avançados na Nova Guiné. Nos Estados Unidos, Joe Gibbs ficaria incumbido de dirigir as experiências.

Gibbs ainda reside na casa da família em Capitol Hill, construída pelos bisavôs. Seu pai foi veterinário de campo no estado de Maryland e mesmo na infância Joe ajudou a matar e a salvar vidas de animais. "No verão, costumávamos matar cães e gatos por causa do problema da raiva" – contou-me. "Meu pai foi o primeiro veterinário nos Estados Unidos a fazer a vacinação gratuita contra a raiva em animais domésticos. Isso foi em 1939 e fez com que no ano seguinte diminuísse sensivelmente a incidência de casos de raiva em cães e gatos. Ele continuou com essa vacinação gratuita contra a raiva até morrer, em 1971." O trabalho de veterinário preparou Gibbs para a ciência e, após algum tempo na Marinha no final da Segunda Guerra Mundial, ele conseguiu bacharelar-se e fazer o mestrado e doutorado na Universidade Católica de Washington, concluindo seu Ph.D. à noite, após iniciar pesquisas no Walter Reed.

Ao reunir-se à equipe de Gajdusek que estudava os vírus lentos, Gibbs encontrou poucos recursos e não havia animais disponíveis, além de camundongos. Os galpões abandonados em Patuxent precisavam de conserto, o prédio que abrigaria os primatas ainda estava na prancheta e ele teve de ir à cata de equipamento. Gibbs relembra secamente: "Recebi dinheiro que dava apenas para comprar uma só centrífuga e alguns reagentes. Consegui o resto dos equipamentos num depósito de excedentes militares. Comecei com dois técnicos. Eles viviam se queixando de que precisávamos disso e daquilo. Minha filosofia era que não devíamos pedir nada. Vamos obter resultados e aí não precisaremos pedir."

Naquele tempo, chimpanzés custavam 300 dólares (comparados aos 25 mil dólares de hoje). No primeiro semestre de 1963, Gibbs comprou três, de dois anos. Na época Gajdusek estava nos Estados Unidos e ele e Gibbs, em 17 de fevereiro, inocularam a primeira chimpanzé, A-1, "a que carinhosamente chamamos Daisy". O terceiro, A-4, que pesava seis quilos ao chegar ao INH no verão, foi mantido em quarentena o tempo suficiente para ser testado contra a tuberculose e inoculado em 17 de setembro. Eles o chamaram de George A-4. O tecido cerebral usado nessa inoculação veio de uma criança fore, um menino chamado Eiro. Mike Alpers havia feito uma autópsia limitada, apenas com o cérebro: cortou pequenas amostras do cérebro fresco, usando luvas esterilizadas, colocou as amostras em garrafas esterizilizadas, congelou-as por uma noite no congelador do hospital de Okapa, pessoalmente levou-as em vôo fretado a Lae, no litoral nordeste da Nova Guiné, embalando-as em gelo, e embarcando-as para um laboratório em Melbourne, que as manteve congeladas até que fossem despachadas em gelo seco para o INH. ("Então voltei à aldeia do paciente e participei das cerimônias fúnebres", escreve Alpers, "concorrendo com a celebração e a lamentação pelo morto de forma tão sincera quanto os demais participantes.")

Dia 17 de setembro, no laboratório de Gajdusek no INH, Gibbs descongelou as amostras dos cérebros, homogeneizou-as no liquidificador, e diluiu o creme rosa espumante numa solução salina esterilizada. Com éter, os dois cientistas anestesiaram George até ele ficar sonolento; com uma broca de dentista perfuraram um pequeno orifício na frente do crânio de George, bem à esquerda da região central, puseram numa seringa dois décimos de mililitro da solução contaminada por kuru e os injetaram diretamente no cérebro. Gibbs observa em suas anotações clínicas: "Cinco minutos após a inoculação, o animal se recuperou dos efeitos da anestesia com éter e nos dias seguintes não demonstrou nenhum mal-estar." Quando A-4 ficou adulto, Gibbs descobriu que havia se equivocado sobre o sexo do animal: George virou Georgette, pequena fêmea com orelhas de abano e vivos olhos negros.

Empreendedor, Gibbs requisitou o prédio de um laboratório ocioso em Patuxent, para ampliar o estudo do *scrapie* nos camundongos, iniciado por Gajdusek. Firmou contrato com uma empresa particular de pesquisas biomédicas em Falls Church, Virgínia, para abrigar várias centenas de macacos reso e saudáveis macacos africanos, nos quais ele e seus dois técnicos começaram a inocular o kuru, o mal de Parkinson, ALS e outras doenças neurológicas humanas. Uma tragédia, entretanto, ocorreu seis meses após o início das experiências, quando a empresa particular de pesquisas acidentalmente introduziu uma tuberculose virulenta no local. "Foi uma calamidade"– Gibbs comentou tristemente comigo. – "Havíamos nos esforçado muito para conseguir os animais, inoculá-los e acompanhá-los e de repente irrompeu a tuberculose, que se espalhou com a rapidez de um raio. A única coisa a fazer era destruir toda a colônia. Nós mesmos nos encarregamos disso: nós os sangramos, porque queríamos os cérebros deles de qualquer maneira. Salvamos os cérebros de todos os animais e os analisamos." Seis meses, porém, não foi tempo suficiente para que o kuru se manifestasse.

Após a catástrofe de Falls Church, Gibbs recomeçou em Patuxent. A construção em blocos cinzas de concreto já estava pronta: era uma estrutura caiada de um piso, semelhante a uma caserna e não isolada, com cercados externos em forma de jaulas a leste e um cilindro de propano para o aquecimento. Em abril de 1963, Gibbs transferiu seus camundongos contaminados pelo *scrapie* do campus do INH em Bethesda para o laboratório vazio em Patuxent. Precisava de mais animais da Islândia com variações do *scrapie* para expandir seus estudos sobre a doença, e solicitou ao Ministério da Agricultura dos Estados Unidos uma licença de importação. Isso provocou mais uma calamidade, dessa vez burocrática. "O sujeito encarregado da Divisão de Inspeção Animal e Quarentena , dr. Robert C. Reisinger, veio inspecionar o laboratório e ficou absolutamente perplexo. Escreveu ao diretor do INH afirmando que o local era inadequado, a circulação de ar também e que sequer tínhamos proteção contra mosquitos. Concluiu que não me deveriam autorizar qualquer trabalho. Criticou severamente o que classificou de 'método irregular de adquirir o vírus da doença dos carneiros'", isto é, a importação do vírus trazido de Compton no bolso da camisa de Gajdusek, o que voltava a assustá-los.

"Logo depois disso, eu soube que Reisinger estava formando uma comissão para analisar os aspectos de bio-segurança do laboratório", prosseguiu Gibbs. "Infelizmente para ele, a comissão que formou era composta por velhos amigos meus, que fizeram muitos elogios ao projeto. Não obstante, Reisinger tinha razão num ponto: oficialmente, nossas instalações eram totalmente inadequadas. Ele se preocupava com a possibilidade de os camundongos saírem das gaiolas e se juntarem à população de camundongos selvagens daquela área." Gibbs reduziu o ataque do inspetor transferindo seus 10 mil camundongos, aos poucos, para o porão do celeiro onde antes ficava o gado leiteiro, do outro lado do alojamento dos primatas. "Mandei arrancar todas as baias das vacas e cimentar as paredes, para ficar mais limpo. Mandei também colocar duas janelas, para equipamento de ar-condicionado e aquecimento."

Mesmo assim, Reisinger continuou insatisfeito. Quase conseguiu impedir o estudo dos vírus lentos. Gibbs, porém, é homem firme e determinado: a interferência constante foi além do que podia tolerar. "Se acho que estou certo e a outra pessoa está por fora", disse-me, "é melhor sair do meu caminho, porque vou fazer tudo para resolver a situação. Eu não conseguia fazer as pessoas entenderem que aquelas doenças não eram absolutamente contagiosas. Mosquitos não propagam o *scrapie*. Nem camundongos. Decidi que Reisinger precisava sair do meu caminho. Consegui que lhe fosse oferecido um cargo no Instituto Nacional do Câncer e ele foi embora. Acabamos ficando amigos. Ele compreendeu que tinha agido errado comigo."

Após a transferência das colônias de animaizinhos para Patuxent, Gibbs resolveu consolidar sua operação. Passou os chimpanzés do INH para o abrigo dos primatas, onde se reuniram ao grupo que ele juntara de 75 resos e saudáveis macacos verdes africanos, macacos-esquilos e macacos *cinomologos*. Acrescentou quatro chimpanzés – "a construção estava começando a ficar pequena". Os macacos ficaram enjaulados, mas os filhotes de chimpanzés podiam brincar soltos. "Determinei-me a ir todas as manhãs e à tardinha observar os animais. O tamanho dos filhotes de chimpanzé ainda possibilitava lidar bem com eles, brincar com eles. Eu os soltava, segurava um pela mão, jogava-o para o alto, ele dava uns dois saltos e eu o pegava de novo." Eles não precisavam ficar presos por causa de riscos biológicos. "Prendêlos, para nós, significava mantê-los no interior do prédio", diz Gibbs. Houve um inverno em que os filhotes de chimpanzés soltaram os macacos, que se dirigiram aos gritos para as árvores, acossados pelo frio. "Tivemos de arrancá-los das árvores", recorda Gibbs, sorrindo. "Os filhotes de chimpanzés eram mais espertos: preferiam ficar dentro de casa, no quentinho."

No início de 1964, Mike Alpers se mudou para Bethesda para apurar sistematicamente o que se sabia do kuru, através dos volumosos registros epidemiológicos da doença feitos por Gajdusek desde 1957. Alpers esperava encontrar certos padrões ocultos nos registros que a equipe ainda não percebera. E isso ocorreu:

> Foi um momento emocionante quando somei todos os números por grupo etário e os dividi em dois períodos: um de 1957 a 1959 e um mais recente, de 1961 a 1963. Havia uma impressão epidemiológica do campo de que a doença estava ficando menos comum em crianças e essa impressão se foi confirmando à medida que eu trabalhava sistematicamente os dados do arquivo. Subitamente surgiram os números à nossa frente: o kuru havia realmente declinado nas crianças e praticamente desaparecido entre as de menor idade. Esse fato novo e animador sobre o kuru exigia uma explicação. Naquele momento, porém, só consegui me maravilhar com essa revelação, que sobressaía em nossos gráficos insossos.

O Instituto Nacional de Doenças Neurológicas e Cegueira patrocinou uma conferência de trabalho sobre os vírus lentos, latentes e temperados em dezembro de 1964. Gibbs e Gajdusek organizaram a reunião. A maioria dos que estavam diretamente interessados foi a Bethesda fazer reivindicações e relatar os progressos que fazia: especialistas em *scrapie* de Compton e Edimburgo, a neuropatologista londrina Elisabeth Beck, Bill Hadlow, Jim Hourrigan, diretor do programa do Ministério da Agricultura para erradicação da doença, Paul Brown e Igor Klatzo, colegas de Gibbs e Gajdusek no INH, e até Robert Reisinger, o "vingador" burocrático de Gibbs. A Islândia, ainda lamentando a invasão de campo por Gajdusek, estava visivelmente sub-representada, com um só participante. Os debates abrangeram não só o kuru e o *scrapie*, mas também a doença das Aleutas nas martas, vários tipos de encefalite, esclerose múltipla e a DLG. Curiosamente, nenhum trabalho formal analisou o pouco que se sabia sobre a doença de Creutzfeldt-Jakob, embora Klatzo repetisse sua conclusão de que o kuru lembrava essa doença misteriosa. Alpers relatou sua animadora descoberta de que o kuru não mais contaminava crianças pequenas. Um pesquisador de Compton lhe perguntou se o desaparecimento coincidia com o fim do canibalismo entre os fores. Alpers respondeu que sim e salientou que a transmissão da infecção kuru por canibalismo fora "a primeira hipótese do dr. Gajdusek", mas minimizou a ligação. Gajdusek o aparteou: "Não creio que o canibalismo seja a resposta, mas se quisermos considerar todos os aspectos do mal, é verdade que os fores costumavam comer cérebros parcialmente cozidos, muitas vezes contaminados com carne e vísceras putrefatas."

Na década de 80, o grande Robert Koch, o médico alemão que identificou os organismos causadores de carbúnculo, tuberculose e cólera, definiu as etapas que os pesquisadores médicos precisavam seguir dentro de uma lógica para provar que determinado agente causa uma doença. Os três princípios estabelecidos por ele são conhecidos como "postulados de Koch":

1. O agente deve estar presente em todos os casos da doença.
2. As inoculações de culturas puras do agente devem provocar a doença em animais.
3. As culturas do agente purificado dos animais doentes devem continuar a produzir a doença.

Gajdusek e colegas guiaram-se pelos postulados de Koch em seus esforços para transmitir o kuru a primatas. Partiam do pressuposto de que o agente estava presente nos seus casos de kuru e, para fins da experiência, também supunham que ele fosse transmissível. Se seus animais adoecessem de um mal que se assemelhasse ao kuru e se o tecido cerebral dos animais atacados transmitisse o kuru a outra geração de animais, estaria irrefutavelmente comprovado que o kuru era infeccioso. Para satisfazer os postulados de Koch, precisariam então criar seu agente do kuru em culturas puras fora do corpo, isto é, *in vitro*. Entretanto, nem todas as doenças conhecidas podiam ser desenvolvidas *in vitro*. A dos carneiros era uma exceção óbvia, o que significava que os pesquisadores do *scrapie* precisavam confiar na técnica criada originalmente por Louis Pasteur, ou seja, transmitir o agente do *scrapie* entre animais. Dessa maneira, pelo menos, agiu Gajdusek.

Além de analisar os registros do kuru no laboratório de Gajdusek, Alpers auxiliou Gibbs em seus estudos sobre primatas. "Eu estava trabalhando como um neurologista de chimpanzés"– escreve o médico australiano – "acompanhando os animais em que havia sido inoculado o material de cérebros afetados pelo kuru, tão cuidadosamente obtido de meus pacientes na Nova Guiné. Passei muitas horas paciente e regularmente documentando o estado clínico desses animais." Da mesma forma agiu Gibbs, assim como o comprido Mike Sulima, seu assistente técnico de confiança. Foi Sulima quem, em 28 de junho de 1965, primeiro notou certa alteração no comportamento de Georgette, que descreveu assim nos seus registros diários: "Não se mostra tão ativa como é normalmente. Fica sozinha num canto." Gibbs recorda que Georgette "começou a se mostrar arredia e seu olhar era vago. Reparamos também que tremia um pouco, como se um vento frio a houvesse subitamente atingido."

Georgette com o lábio caído.

Gibbs jamais acompanhara um paciente com kuru. "Eu não queria ter contato com um caso de kuru antes de observar aqueles animais, para que minhas observações não fossem influenciadas por algo que eu tivesse visto antes. Acompanhamos o desenvolvimento dessa situação com o tempo, durante semanas. O andamento era claramente progressivo." O lábio inferior de Georgette começou a pender. Sulima anotou o seguinte:

14 de julho de 1965. Estremece bastante. Treme a intervalos freqüentes. Nenhum senso de equilíbrio. Caiu do parapeito da jaula. Move-se muito lentamente. O queixo fica pendurado quase sempre.

15 de julho de 1965. Os tremores continuam. Hoje caiu da parte superior da jaula.

"Observamos Georgette começar a se pendurar no lado da jaula"– descreve Gibbs – "por falta de equilíbrio. Às vezes, ao descer do poleiro, ela caía. Nós a víamos de repente tatear para pegar a comida bem à sua frente; sua mão tremia ao pegar o alimento."

Alpers deu o alerta: "Lembro-me de ter ido um dia à ante-sala onde escrevia meu relatório clínico e, após rabiscá-lo como de costume, resumi minhas impressões no final quase mecanicamente: 'Impressão clínica: kuru.' A palavra simplesmente saltou da página." De Patuxent, Alpers dirigiu direto até Bethesda, onde se encontrou com Gibbs e afirmou: "Joe, esse animal está com kuru." Ele apenas riu e disse: "Você está imaginando coisas." Alpers respondeu: "Precisamos conseguir o parecer de Carleton." Já então, Daisy começava a mostrar sinais da doença.

Gajdusek estava na Nova Guiné. Gibbs lhe telegrafou contando as novidades sobre os dois chimpanzés e lhe pediu que voltasse aos Estados Unidos para examinar os animais pessoalmente. "Ele veio de imediato"– diz Alpers –, "aborrecido por ter de interromper uma viagem de inspeção a pacientes com kuru." Na manhã seguinte à chegada de Gajdusek, em 20 de julho, foram ver os chimpanzés. Alpers se recorda que "Georgette agiu ainda melhor do que quando eu estava sozinho. Quase precisava arrastá-la para o exame clínico, mas com Carleton lá ela entrou na sala e começou a andar e tropeçar sem parar, comportando-se exatamente como se contaminada pelo kuru. Carleton havia observado pacientes com kuru vinte e quatro horas antes, e mal conseguia acreditar no que via. Foi um desempenho espetacular o daquele chimpanzé. E muito convincente, pois foi então que deduzimos que o animal devia mesmo estar com kuru."

Gajdusek, porém, ainda tinha dúvidas. Dia 31 de julho, enquanto esperava conexão aérea em Fiji, escreveu no diário que "era mais do que nunca provável que um agente transmissível incubado por longo tempo fosse o causador do kuru", mas que levaria "anos até que alguma coisa pudesse ser provada a partir das inoculações nos chimpanzés". Prosseguia repetindo as exigências dos postulados de Koch: "Assim, mesmo que esse chimpanzé (Georgette) desenvolva uma doença idêntica ao kuru, da qual venha a morrer, e se seu cérebro mostrar a mesma patologia do kuru, precisaremos reproduzir a doença com a reinoculação de material do cérebro de Eiro (vítima do kuru) em outros chimpanzés e também retransmiti-lo a outros chimpanzés; finalmente, fazer o mesmo com material filtrado e por várias vias de inoculação. Tudo isso levará anos, pelo menos..." Quando Gibbs lhe telegrafou a respeito da condição de Georgette – informa Gibbs –, a primeira reação de Gajdusek foi se perguntar se eles teriam sabido realizar a experiência adequadamente. "A resposta dele foi: 'Deixando de lado essa hipótese, é possível que tenhamos contaminado os animais com *scrapie*.' Eu duvidava muito dessa possibilidade, pois havia tomado todos os cuidados para manter os animais contaminados com *scrapie* e os materiais usados na inoculação totalmente separados do programa de doenças humanas."

Ou Gajdusek estava tendo dificuldade em retomar a idéia de que o kuru era infeccioso e não hereditário ou estava dando asas a suas esperanças; provavelmente essas duas hipóteses eram verdadeiras. Algumas semanas depois escreveu a Gibbs, afirmando estar "tão animado quanto você", e a Alpers que não esperasse muito para "planejar uma autópsia pré-agendada e de técnica totalmente esterilizada", pois a doença parecia ser "progressiva e inexorável – se é que realmente o é..." Nesse meio tempo, Gajdusek escreveu a Alpers: "Continue a observá-la e documentá-la primorosamente em filme e freqüentes exames neurológicos." Ao diretor-assistente do INH que aprovava os recursos para seu laboratório após a morte de Joe Smadel, Gajdusek escreveu que "de repente ver uma doença do cerebelo tão notável se manifestar em um dos nossos chimpanzés em que primeiro se inoculou com o kuru – e talvez também em outro – é muito mais do que esperávamos. Não aproveitar imediatamente essa pista – a mais animadora que poderíamos jamais encontrar – com amplos esforços seria tolo e representaria um escárnio a todo o nosso caríssimo trabalho até agora". Se o prestígio de descobrir uma nova doença era similar ao de descobrir um novo elemento, as duas descobertas costumavam representar recompensas parecidas: cada uma delas podia dar ao cientista responsável um prêmio Nobel. Por outro lado, poucos erros crassos prejudicam mais a reputação de um cientista do que uma alegação equivocada e, quanto mais importante a alegação, maior o prejuízo. Não é de espantar que Gajdusek vacilasse entre euforia e cautela.

Quando se evidenciou em Georgette o estado semelhante ao do kuru, ela rapidamente piorou. As anotações de Gibbs relatam o declínio do animal:

> *9 de agosto de 1965*. Hoje passei muito tempo observando Georgette antes de soltá-la da jaula. Silenciosamente fiquei num lugar onde ela não me podia ver, mas eu tinha boa visão dela. Fiquei alarmado ao notar que o animal, recostado na saliência da jaula, demonstrava o que eu chamaria de "calafrios e tremores clássicos". Georgette man-

tinha os braços apertados em volta do tronco, e joelhos e pernas junto ao corpo.

13 de agosto de 1965. Sexta-feira 13. Georgette teve calafrios novamente e caiu da jaula, mas a queda não foi nem de perto tão forte quanto muitas outras; no seu passeio do lado de fora da jaula ela estava letárgica; os tremores continuam, assim como o "lábio caído". Estou convencido de que ela perdeu a noção de profundidade com a mão esquerda: tenta alcançar a comida, mas *sempre* agarra meu braço perto do cotovelo, e passa longe do alvo.

7 de setembro de 1965. Hoje parece haver uma tendência de piora do quadro clínico do animal. De manhã ela estava no fundo da jaula e, embora respirasse normalmente, a princípio pensei que tivera uma "morte súbita" durante a noite. Manifestava tremores, com folículos capilares eriçados e movimentos débeis, sem coordenação.

Gibbs me contou que "chegou ao ponto em que eu tinha de cuidar de Georgette vinte e quatro horas por dia. Os dois animais – Georgette e Daisy – não tinham condição de fazer nada. Nós os levamos para o laboratório principal e montamos um pequeno quarto para eles. As anotações de Gibbs prosseguem:

20 de setembro de 1965. Não sei por quanto tempo mais esse animal pode continuar a decair. Ela está começando a ficar esquelética e muito fraca. Nós a alimentamos na mão de novo.

27 de setembro de 1965. Eu mesmo alimentei o animal hoje; consegui enfiar-lhe 3 maçãs e 3 pedaços de pão integral embebido em leite e creme. Desde 24 de setembro ela perdeu 600 gramas. Estou muito preocupado com a ingestão de líquidos.

> *7 de outubro de 1965*. Georgette continua apática, embora seu apetite seja bom. Estou firmemente convencido de que esse animal nunca vai se recuperar. Ela está enfraquecendo, embora a força dos braços continue ótima: ela consegue agüentar seu peso para cima e para baixo. Minha vida está terrível: tenho medo de morte súbita ou de complicações por infecções secundárias. Acho que devemos sacrificá-la em breve.

Gibbs relembra dolorosamente que "finalmente decidimos que o problema já se arrastava demais. Solicitamos que a sra. Elisabeth Beck viesse de avião da Inglaterra e nos preparamos para sacrificar o animal e fazer a autópsia. Isso foi terrível para nós, porque nos havíamos afeiçoado muito àqueles notáveis animais e sentiríamos sua perda." Fizeram planos minuciosos para a autópsia e estavam em constante comunicação com Gajdusek na Nova Guiné.

Na manhã de 28 de outubro de 1965, Alpers filmou o comportamento de Georgette pela última vez e realizou nela um exame final:

> Tentei mostrar que ela estava enxergando mal: conseguia cheirar uma maçã e cavucar a terra para encontrála, mas não fixava a vista, o que demonstrava pelo fato de querer a maçã e a procurar mas não a seguir com os olhos. Reação ameaçadora apenas ocasional. Ainda consegue mexer os quatro membros. Tenta "andar", ou melhor, arrastar o corpo em direção à maçã que lhe é oferecida ao colocá-la em frente a seu nariz quando ela se inclina para a frente para pôr a cabeça no chão. Sinais essencialmente idênticos aos da véspera.

Os cientistas despediram-se de Georgette, anestesiaram-na e a mataram de forma indolor ao lhe tirar o sangue e acabar com seu sofrimento. "Foi mais uma coleta de material do corpo do que uma autópsia"– rememora Alpers. – "Joe e eu a fizemos e Elisabeth estava lá. Pusemos todos os pedacinhos de tecido do corpo em várias garrafas, separando os que eram para congelar, outros para análise de traços de metal e tudo o mais que se possa imaginar." As anotações de um cientista-visitante registram a coleta: alguns gramas de amostras do cérebro para estudos de vírus e o resto do cérebro conservado em formalina para fixação; toda a coluna vertebral e parte da caixa torácica e da pelve, também fixadas com formalina; coração, pulmões, fígado, vesícula, baço, pâncreas, rins, glândulas adrenais, ovário esquerdo ("não se encontrou o ovário direito"), todo o aparelho gastrointestinal, nódulos linfáticos, a tireóide e o timo. As observações registram que "as extremidades esquerdas superiores e inferiores foram desarticuladas, esfoladas e fixadas separadamente em formalina. O que restou da carcassa da chimpanzé foi também conservado em formalina."

Beck foi designada para seccionar o cérebro de Georgette e buscar alterações patológicas. Voou de volta a Londres, levando o cérebro num vidro vedado. Alpers explica que "antes que ela pudesse começar a seccionar, precisou esperar pelo menos três semanas para a fixação, de modo que ficamos aguardando um tempão. Ela é uma profissional e não se apressaria. Finalmente, resolveu que podia dar início ao trabalho. Seccionou o cérebro, começou a procurar e, certa manhã, recebemos um telex."

O telex, recorda Alpers, era curto e objetivo:

PATOLOGIA DE GEORGETTE IDÊNTICA À DO KURU HUMANO.

Quinta conexão

ESPÉCIE	DOENÇA	PROGNÓSTICO
homem	kuru (transmissível a primatas)	fatal
homem	Creutzfeldt-Jakob	fatal
carneiro	*scrapie*	fatal
marta	encefalopatia transmissível de marta	fatal

6
A ligação canibal

Serra Oriental da Nova Guiné, 1962-1963/
Nova York e Bethesda, 1966-1968

SHIRLEY LINDENBAUM recorda-se perfeitamente de quando ela e o primeiro marido, o antropólogo Robert Glasse, atinaram com a ligação entre o kuru e o canibalismo dos fores. Escreve ela, lembrando: "Quando antropólogos saem em campo, deixam família, amigos e diversão, mas costumam levar pedaços de sua cultura com eles. No nosso caso, antes de irmos embora da Austrália para a Nova Guiné em junho de 1961, providenciamos para que recebêssemos sempre muito material de leitura séria ou não." Uma das publicações que assinavam era a revista *Time*. Chegava um mês ou mais atrasada, mas lhes dava um panorama dos acontecimentos fora do mundo limitado dos fores. Em junho ou julho de 1962, um exemplar do *Time* contendo curiosa história chegou a Wanitabe. A revista informava que um cientista treinara planárias – pequenos platelmintos (vermes achatados) que vivem na água e em solo úmido – para orientar-se num labirinto simples, cortara em pedacinhos os espécimes treinados e com eles alimentara outras planárias. Conseguiu demonstrar que as planárias "canibais" se "lembravam" do labirinto.* "A idéia da transferência de um agente-chave por meio do canibalismo"– explica Lindenbaum – "nos forneceu um 'modelo' para considerar as semelhanças de nossos próprios dados sobre o canibalismo dos fores."

Os Glasse não agiram imediatamente a partir dessa percepção. Ao contrário dos cientistas de laboratório, os antropólogos não competem entre si para ver quem publica primeiro os resultados de um trabalho, porque normalmente são o único grupo de trabalhadores em sua área científica que está observando determinado grupo cultural. Carleton Gajdusek mantinha volumosos registros de suas experiências na Nova Guiné, e Mike Alpers incorporou observações antropológicas a seus estudos lógicos sobre epidemias, mas os dois eram médicos, não antropólogos profissionais. Depois que a *Time* os alertou sobre as planárias canibais, os Glasse continuaram a coligir dados sobre o canibalismo fore e sobre o kuru, e agora tinham clara compreensão de que as duas coisas podiam estar ligadas.

Mesmo antes de os Glasse chegarem à Nova Guiné, Ann e J.L. Fischer, antropólogos americanos da Universidade de Tulane, suspeitavam de uma ligação entre o kuru e o canibalismo ao analisar as conclusões de Ronald e Catherine Berndt, colegas que haviam estudado os fores no início da década de 50, e dos inúmeros trabalhos sobre kuru que Gajdusek, Zigas e vários pesquisadores australianos tinham. Na primavera de 1961, os Fischer resumiram suas conclusões numa publicação científica americana:

*O trabalho foi posteriormente desacreditado

O costume fore de comer cadáveres sugere uma via pela qual um agente virótico pode ser transmitido. (Um agente tóxico também pode ser transmitido dessa maneira.) As vítimas de certos tipos de feitiçaria não são devoradas pelos fores, por temerem que possam estar envenenadas, mas as vítimas do kuru não estão evidentemente incluídas nessa categoria. Berndt afirma ser difícil provar, mas é possível que as mulheres fores comam mais carne humana do que os homens. De qualquer maneira, diz-se que os cadáveres são comidos em todas as etapas da decomposição e em todos os graus de cozimento. Se isso for verdade, é provável que as mulheres devorem mais cadáveres crus do que os homens. Um agente infeccioso poderia explicar por que o kuru parece ser transmitido antes pelas avós maternas que pelas paternas.

O argumento dos Fischer ultrapassou as imprecações dos bêbados inveterados nos bares de Goroka, mas dependia do que ainda não havia sido demonstrado em 1961: a presença de um agente infeccioso.

Mike Alpers recorda-se de haver almoçado com os Glasse em Melbourne, antes de partir para o INH no início de 1964. "Conversamos muito sobre tudo isso, sobre a possibilidade real de o canibalismo estar envolvido." Ao discutir a idéia com Gajdusek, contudo, verificou que o americano relutava em aceitar aquela possibilidade. Alpers diz hoje em dia: "Pareceu-me que Carleton estava constrangido. Ele não queria ver o kuru associado ao canibalismo porque achava que a doença já era muito exótica."

É bem possível que Gajdusek se sentisse constrangido pela teoria de uma ligação entre o kuru e o canibalismo, especialmente porque fora muito bem recebido pelos fores e seus vizinhos e já gostava muito deles. Entretanto, a razão mais vigorosa para a relutância de Gajdusek era científica, nas palavras de Alpers: "Essa prática em si e por si só não podia explicar as características epidemiológicas do kuru; era preciso também haver um agente transmissor."

Com o relatório que Elisabeth Beck publicou em dezembro de 1965 sobre a patologia do cérebro de Georgette – ela encontrou enorme perda de células nervosas, placas de kuru, astrogliose e alterações espongiformes tão disseminadas que falou de "grave estado esponjoso", observando que isso "havia rompido completamente a estrutura das áreas que danificara, deixando pouquíssimas células intactas" – ficou assim evidente que o kuru era transmissível. Gajdusek, Joe Gibbs e Alpers apressaram-se a relatar sua descoberta marcante, preparando um trabalho para a revista científica inglesa *Nature* logo que receberam as conclusões de Beck. Já então um terceiro chimpanzé mostrava sinais de doença do cerebelo. O trabalho foi divulgado em fevereiro de 1966 e concluía com linguagem que visava a evocar os postulados de Koch:

> Essa notável correspondência clínica de uma doença que se desenvolveu sucessivamente em três chimpanzés, em que se inoculou material cerebral de diferentes vítimas do kuru, o surgimento da doença em cada um deles após longo e semelhante período de incubação, o fato de que é desconhecida a ocorrência espontânea dessa síndrome nos chimpanzés e não se vê a sua manifestação em nenhum dos muitos animais que mantemos atualmente sob controle, a fantástica semelhança de conclusões neuropatológicas no caso examinado com a observada nas vítimas de kuru nos levam a crer que o kuru tenha sido transmitido experimentalmente a chimpanzés.

Robert Glasse explicitamente associou o kuru ao canibalismo numa palestra na Academia de Ciências de Nova York em abril de 1967, mas também explicitamente repudiou a autoridade dessa evidência: "Como antropólogo social, não procuro interpretar esses dados em termos fisiológicos, portanto não tenho nenhuma hipótese específica para oferecer relacionando o canibalismo ao kuru." Num trabalho publicado na revista *Lancet* no ano seguinte, Glasse, Shirley Lindenbaum e um colega australiano finalmente tornaram explícita a ligação.

O ano de 1967 foi também aquele em que morreram de kuru as últimas crianças fores com menos de dez anos. Para Alpers, essa maravilhosa cessação das sinistras mortes de crianças no povo que ele aprendera a amar, povo que começara a dar aos filhos o nome de Michael em sua homenagem, foi um acontecimento definitivo:

> Certa manhã, ao trabalhar no meu escritório improvisado na varanda de nossa casa em Bethesda, preparando um artigo para uma reunião da Academia Internacional de Patologia, estava considerando todas aquelas possibilidades quando de repente as peças do quebra-cabeça se encaixaram. O canibalismo, embora fosse uma explicação plausível, numa análise severa não explicava os fenômenos como mecanismo independente. Entretanto, o canibalismo como única via de transmissão do vírus transmissível do kuru fazia sentido: de repente, tudo ficou dolorosamente óbvio. Era óbvio porque nada mais precisava ser explicado e dolorosamente devido às agonias da incerteza que existia quando as explanações pareciam tão à mão e, ao mesmo tempo, tão distantes, pelo menos até aquele momento, quando então tudo se encaixou. Mas que momento! O endocanibalismo ou

seja, o canibalismo entre parentes como via de transmissão do vírus do kuru explicava a distribuição da doença por sexo e idade, pois eram as mulheres e as crianças que comiam os cérebros, não os homens, e o grupo de crianças que cresciam livres do kuru havia também aumentado numa comunidade hoje liberta do canibalismo. Dado que o costume era o endocanibalismo e somente parentes eram devorados, a disseminação da enfermidade ocorria entre membros da mesma família. Felizmente a doença não era transmitida verticalmente de mãe para filho; isso também se tornou claro agora.

Em 1968, já não se duvidava da ligação entre o kuru e o canibalismo. Alpers e outros foram até capazes de identificar festins canibalescos específicos, tais como o descrito no primeiro capítulo deste livro, que aconteceu em 1950 na vila de Katabi, na região Fore do Sul, e de traçar a partir daí o destino de cada participante. Um trágico mistério fora elucidado.

Mas o ano de 1968 também marcou outra descoberta que ampliou a importância do kuru e do canibalismo para além de um pequeno grupo de pessoas que viviam nas montanhas orientais da Nova Guiné. Em novembro de 1966, Gibbs, Gajdusek e Alpers inocularam tecido cerebral homogeneizado de um paciente inglês de 50 anos de idade em um chimpanzé macho de três anos. Os cientistas relataram que o homem morreu após "uma doença cerebral implacável e progressiva que durou oito meses", caracterizada por danos espongiformes tão severos que, durante a autópsia do cadáver, o cérebro "tinha metade de sua largura original". O chimpanzé desenvolveu uma doença cerebral similarmente progressiva treze meses depois e o curso do mal foi notavelmente diferente do habitualmente observado em chimpanzés com kuru. Esse chimpanzé ficava sonolento, não enxergava em metade do campo visual e aparentava fraqueza num lado do corpo. Ao ser morto, dezesseis meses após a inoculação, o animal mostrou danos cerebrais idênticos aos do kuru no cerebelo, mas também grandes danos espongiformes nas áreas superiores do córtex. Junto com Elisabeth Beck e o médico inglês que forneceu o tecido cerebral, Gibbs, Gajdusek e Alpers divulgaram em julho de 1968, na revista americana *Science,* que haviam conseguido transmitir a doença de Creutzfeldt-Jakob a um chimpanzé.

A DCJ não estava restrita à Nova Guiné. Ocorria no mundo inteiro, ficava incubada meses ou anos antes de seus sintomas se manifestarem, era evidentemente cem por cento fatal e agora também se revelava transmissível. Se podia ser transmitida a chimpanzés, poderia certamente ser transmitida a outros seres humanos. Cirurgiões e dentistas podiam estar correndo risco, assim como seus pacientes, em especial os quc recebessem transplantes de tecidos do sistema nervoso.

Para piorar, enquanto não se determinasse o agente da DCJ – o vírus que causava a doença, se é que se tratava mesmo de um vírus –, era impossível dizer com certeza que o agente só podia ser transmitido por injeção: o kuru era evidentemente disseminado ao se comer tecido contaminado; o *scrapie*, ao se ingerir placenta ou adquiri-lo em locais onde pastavam carneiros infestados.

Uma infecção fatal entre canibais da Idade da Pedra na distante Nova Guiné era uma curiosidade trágica. Mas uma infecção fatal transmissível que ocorria em toda a parte, sem nenhuma fonte óbvia de infecção, era um risco para toda a humanidade.

Em 1968 se concluiu a primeira fase dos estudos sobre os vírus lentos: as formas humanas dessas estranhas doenças já se haviam mostrado transmissíveis. Agora tinha início a segunda etapa, impelida por urgente preocupação com a saúde pública: uma corrida para identificar os agentes da doença, para que pudessem ser neutralizados ou pelo menos contidos. Eles, porém, não seriam contidos. Mesmo à medida que pesquisas intensas começaram a desvendar os segredos das encefalopatias espongiformes transmissíveis, a ignorância e os erros humanos lhes proporcionaram novas e terríveis oportunidades para matar.

Sexta Conexão...

ESPÉCIE	DOENÇA	PROGNÓSTICO
homem	kuru (transmissível a primatas)	fatal
homem	Creutzfeldt-Jakob (transmissível a primatas)	fatal
carneiro	*scrapie*	fatal
martas	encefalopatia transmissível de marta	fatal

Parte Dois

O Mais Estranho de Toda a Biologia

7
A doença que não pode ser erradicada

Edimburgo e Londres, 1953-1967

DURANTE OS PRIMEIROS anos emocionantes de trabalho sobre o kuru, os pesquisadores ingleses labutaram muito, estudando o *scrapie*. Como percebeu Bill Hadlow ao visitar a exposição de Carleton Gajdusek em Londres, essa doença era muito semelhante ao kuru na forma de disseminação, em como danificava o cérebro e pelo fato de ser uma doença natural, passível de ser analisada em animais. O zoólogo e geneticista Alan Dickinson, um sujeito esguio que se expressava com fluência, ex-diretor do Conselho de Pesquisa Médica da Unidade de Neuropatogênese de Edimburgo, recorda com certo desprezo o turbilhão que foi a prematura romaria de Gajdusek pelos institutos ingleses de pesquisa: “Ele chegou com uma escova de dentes e seus filmes sobre o kuru e acho que não havia avisado de sua vinda. Eu o conheci e numa câmara escura vi trechos desses estudos filmados. Lembro-me de haver pensado que, na verdade, Gajdusek era um clínico que estava analisando o assunto, ou seja, que se tratava de um enfoque de diagnóstico médico e não biológico. Esse tipo de diagnóstico não esclarece nada. Uma abordagem clínica de um problema como aquele tem seu valor, mas não consegue compreender absolutamente a natureza das doenças." Havia, sim, sólido valor no trabalho com chimpanzés realizado por Gibbs, Alpers e Gajdusek em Patuxent, mas as pesquisas básicas haviam sido recentemente iniciadas no laboratório de Gajdusek.

Os esforços ingleses nas décadas de 50 e 60 se concentraram em isolar o agente do *scrapie*. Procurar a doença com o microscópio não adiantava; era o mesmo que buscar o kuru ou a doença de Creutzfeldt-Jakob: o dano era visível, mas o agente, não. Tampouco tiveram êxito os esforços para desenvolver o agente em cultura. Para fazer o agente aparecer, os pesquisadores ingleses atacavam amostras de tecidos infeccionados pelo *scrapie* com uma variedade de elementos químicos e testes. O trabalho posterior sobre encefalopatias transmissíveis humanas se baseou nessas primeiras pesquisas. Os registros não deixam dúvida de que os ingleses abriram o caminho.

A reprodução dos seres humanos foi um mistério durante milhares de anos. Somente com o advento do microscópio esse mistério começou a se elucidar. Uma teoria popular propunha que os seres humanos transmitiam pequenas cópias de si mesmos. No caso dos humanos, a cópia era chamada de homúnculo, isto é, um homenzinho. Alguns biólogos pioneiros, ao estudar o esperma aos simples microscópios primitivos, acreditavam haver visto homúnculos preformados dentro das cápsulas de esperma, como um micro-tripulante de submarino se dirigindo ao serviço. Os biólogos supunham que o esperma ligava-se a um ovo feminino apenas para nutrir o homúnculo: o homenzinho se instalava, comia gema de ovo e crescia. Essa teoria da preformação reduzia o problema da reprodução dos organismos, mas não o resolvia: para começar, como se formava o homúnculo?

Persistente trabalho científico lentamente demonstrou: o que um pai passava ao filho não era uma cópia mas, sim, informações, um conjunto de instruções que orientava a formação de uma nova bactéria ou de um novo inseto, peixe, pássaro ou ser humano. Um grande volume de informações precisava ser transmitido para criar algo tão complexo quanto a criatura humana. Uma enciclopédia do genoma humano, por exemplo, exigiria vários milhares de volumes. As células são por demais pequenas para serem vistas a olho nu: de que forma tantas informações poderiam ser armazenadas em algo tão minúsculo?

Instruções podem assumir muitas formas além de ordens faladas ou palavras numa página. Um buraco numa gaiola de passarinho que impede um gaio de entrar mas deixa um tordo aninhar-se é um tipo de instrução. Assim como os entalhes numa chave que se encaixa às lingüetas de uma fechadura ou as duas extremidades de uma barra imantada que identifica polaridade magnética. Dadas as limitações de tamanho e a carga de dados, as instruções para se fazer novas criaturas evidentemente assumiram a forma de grandes moléculas, em que a disposição dos átomos presumivelmente criou um tipo de código. Se as células são pequenas, mesmo as grandes moléculas são muitíssimo menores. O tamanho de uma grande molécula numa célula é comparável ao de um gato num navio de guerra. E, na escala gato-navio de guerra, uma uva poderia representar um átomo.

Durante a maior parte da primeira metade do século XX, as moléculas que pareciam para os biólogos as candidatas mais prováveis a conter informações genéticas eram as proteínas. Existem centenas de diferentes proteínas no corpo, mais da metade do seu peso seco (extraindo-se a água), e cada espécie tem sua estrutura tridimensional exclusiva. Como formações complexas de moléculas orgânicas, as proteínas realizam o trabalho mecânico e químico do corpo servindo de apoios estruturais, de agentes como os hormônios e em combinações como as fibras musculares. A cápsula no âmago das células que abrigava as informações genéticas – o núcleo – continha muito mais de certa molécula comprida semelhante a uma corrente, o ácico nucléico, do que proteína. Porém os ácidos nucléicos, pelo menos nos organismos estudados pelos bioquímicos naquela época, pareciam ter as mesmas proporções de vários elementos químicos, e como poderiam as mesmas proporções de ingredientes especificar tantas criaturas diferentes? As proteínas, com sua grande variedade e complexidade, eram muito mais promissoras. Assim, descartou-se o ácido nucléico, que passou a ser considerado um simples material de apoio estrutural, e a proteína foi sagrada como a molécula das informações. Foram rejeitados ou ignorados os experimentos que mostravam que uma substância podia ser extraída de bactérias mortas ou rompidas que transmitiam uma determinada característica quando combinadas com bactérias vivas e depois evidenciaram que a substância era ácido nucléico.

James Watson e Francis Crick, em seu relatório de 1953 sobre a estrutura do ácido nucléico ADN – a famosa dupla hélice – receberam tanta atenção (e dividiram um prêmio Nobel com seu colega Maurice Wilkins) porque demonstraram que um ácido nucléico era complexo o bastante para conter as informações genéticas. O alfabeto do ADN de quatro bases químicas se apresentava em pares como os degraus de uma escada em espiral, com um código genético de 64 unidades (4 x 4 x 4) – aliás 61, como se comprovou, para especificar os vinte aminoácidos com os quais se criam todas as proteínas dos organismos vivos, e três para avisar ao mecanismo de formação de proteínas quando parar. O ácido nucléico de há muito ganhou a discussão, mas os campeões da genética de proteínas não desistiram de sua opinião da noite para o dia. Combateram o modelo Watson-Crick vigorosamente, até que experimento após experimento confirmaram o ácido nucléico.

A dupla hélice do ADN era capaz de fazer cópias de si mesma (quando uma célula se dividia) ao desemaranhar e separar os dois lados iguais de sua "escada" semelhantes a uma corrente. Quando as duas correntes de açúcar se desemaranhavam e se dividiam, cada uma levava metade dos pares de bases, a elas unidos como degraus partidos e projetados para fora. Cada um dos segmentos de base da cadeia, que traduzem os dados genéticos do organismo num código químico, atraía então moléculas que se combinavam, flutuando no fluido celular; uma nova cadeia suplementar criava-se então e as escadas meio velhas, meio novas, agora duplicadas, se enrolavam em duplas hélices, formando duas moléculas de ADN onde antes só havia uma, ambas cópias fiéis da original; uma iria para a célula máter, outra ficaria com a molécula original.

Entretanto, só o ADN acabava sendo indiretamente responsável pela criação das proteínas. As células faziam proteínas quase sem parar e outro ácido nucléico, o ARN, individual e não duplo, utilizando um fosfato de açúcar diferente para fazer sua cadeia, servia de intermediário fundamental nesse processo. As células não requeriam toda a seqüência de ADN para formar uma proteína. Toda proteína podia ser formada com apenas pequena parte da seqüência do ADN conhecida como gene. Um amigo de Carleton Gajdusek, o notável microbiologista húngaro George Klein, que dirige o Centro de Microbiologia e Biologia de Tumores do Instituto Karolinska em Estocolmo, explica num ensaio o processo:

O núcleo de toda célula em todo organismo contém todas as informações de que cada célula vai precisar durante a vida inteira do organismo. Porém apenas a córnea do olho é transparente, apenas as células da retina têm um aparelho capaz de reagir à luz, só as células renais podem filtrar a urina do sangue, somente as células musculares podem contrair-se para dobrar um braço ou bombear sangue do coração, apenas os corpúsculos vermelhos do sangue conseguem transportar oxigênio.

A diversificação funcional das células deve-se ao fato de que só cerca de dois por cento ou até menos de todos os genes estão funcionando em cada célula. "Células especializadas" diferentes utilizam partes diferentes do repertório genético.

Toda proteína tem uma instrução ADN correspondente e todo conjunto de instruções tem um princípio e um fim. Uma proteína especialmente adaptada – uma enzima – lê a instrução. Ela, porém, tem acesso apenas a uma parte limitadíssima do ADN, áreas que são como pequenas janelas abertas na fachada de um grande edifício. Tipos diferentes de células mantêm abertos diferentes conjuntos de janelas. O tempo e o lugar para abrir e fechar todas as janelas são ajustados durante a vida embrionária por um programa meticulosamente preciso. A enzima responsável pela leitura da instrução pode também escrevê-la enquanto lê. Ela forma uma pequena tira de fita, uma espécie de mensagem por telex ou transcrição. É escrita na linguagem do ARN, que só difere da linguagem original do ADN em alguns aspectos: é um tipo de dialeto, por assim dizer.

A molécula original de ADN não precisou desemaranhar-se completamente para fazer variações de ARN. Em vez disso, proteínas auxiliares abriram um pequeno trecho da dupla hélice para separar as duas cadeias, coletar matérias-primas do fluido nuclear e moveram a abertura pela hélice do ADN, lendo o código de bases numa cadeia ADN para formar e retirar uma variação de ARN. Enquanto se dava essa movimentação, as cadeias de ADN voltaram a se imbricar e ficaram a salvo de qualquer dano. Quando se completou a seqüência de ARN, ela foi solta. Numa operação separada, um equipamento de formação de proteínas conhecido como ribossomo leu então seu caminho pela fita concluída do ARN, utilizando o ARN como matriz para fazer cópias das proteínas.

Da mesma forma que os ácidos nucléicos dos quais foram copiadas, as proteínas surgiram desse processo de tradução como cadeias. Essas cadeias de proteínas poderiam conter milhares de moléculas unidas. Após a tradução, uma proteína passou por um segundo processo para adquirir sua forma final: ela se autoformou. As várias moléculas das quais foi feita uma proteína atraíram ou repeliram segmentos diferentes da longa cadeia original, dobrando-a numa forma tridimensional como uma corda com vários nós complicada. A maioria das proteínas tinha um componente estrutural e um componente ativo. O componente ativo costumava ser globular, com ranhuras, orifícios, entalhes e protuberâncias na superfície, que se encaixavam firmemente em outras proteínas ou permitiam que as moléculas se juntassem a ele para estimular ou bloquear reações químicas. O componente estrutural normalmente assumia a forma de folhas pregueadas. Uma proteína acabada podia virar o elástico de uma fibra muscular ou uma bomba para a propulsão de materiais através da parede de uma célula. Podia também se transformar no elemento portador de oxigênio numa célula sangüínea ou o mensageiro que transporta informações em um nervo. Uma proteína podia ainda virar um anticorpo que se engatasse a organismos invasores causadores de doenças e os tornasse vulneráveis a ataques. Independente de seu feitio final, a forma de uma proteína era seu destino e determinava o objetivo a que serviria.

Após a prolongada procura da molécula de informações genéticas, quando a poeira baixou e os campeões do ácido nucléico conquistaram sua vitória em relação às proteínas, Francis Crick definiu o dogma central da nova ciência chamada biologia molecular: *o ADN cria o ARN; o ARN cria as proteínas*. Crick enfatizou que, no tocante às proteínas, o processo era uma rua de mão única. Em 1970 ele escreveu que havia "três transferências que o dogma central pressupõe jamais ocorrerem": uma proteína jamais cria outra proteína, uma proteína jamais cria o ARN e uma proteína jamais cria o ADN. Crick, porém, era um cientista extremamente cauteloso e não seria dogmático em relação a seu dogma. "Nosso conhecimento de biologia molecular", disse, "é ainda muito incompleto e não nos permite asseverar dogmaticamente que essa restrição seja correta." Mesmo que sua correção ainda não tivesse sido comprovada, era, não obstante, fundamental. Crick alertou que a descoberta de "apenas um tipo de célula atual capaz de realizar qualquer das três transferências desconhecidas abalaria toda a base intelectual da biologia molecular". Biologia à parte, Crick em seguida recorreu às pesquisas sobre o *scrapie* para enfatizar seu argumento: "Existe, por exemplo, o problema da natureza química do agente da doença."

O problema da natureza química do agente desse mal estava sendo estudado pelos ingleses.

Como o cultivo de tecidos contaminados pelo *scrapie* não desenvolvera bactérias e nenhuma delas era visível à luz do microscópio, todos supunham que o agente da doença fosse um vírus. Bactérias são organismos unicelulares grandes e complexos capazes de se alimentar, produzir excrementos e se multiplicar. Os vírus são menores e mais simples. Foram originalmente diferenciados das bactérias por sua capacidade de atravessar delgados filtros de porcelana que impediam as bactérias de passar. Com o advento do microscópio eletrônico, tornou-se possível vê-los. Revelaram-se organismos estranhos não muito maiores que uma seqüência do ADN ou ARN, revestidos de proteínas. Certa vez, o eminente biólogo Peter Medawar espirituosamente definiu o vírus como "uma pequena má notícia envolta em proteína". George Klein discorda. Ele me escreveu numa ocasião em que citei a definição espirituosa de Medawar: "Os vírus não são necessariamente uma notícia má. Apenas uma porcentagem mínima de vírus é terrível. Não costuma ser vantajoso para um vírus causar doenças, muito menos matar o hospedeiro." Um vírus muito estudado, um parasita de bactérias intestinais conhecido como fago T4, é essencialmente uma seringa hipodérmica minúscula feita de proteínas recheadas de ADN. Quando um fago T4 encontra seu hospedeiro bacteriano, injeta todo o seu ADN na célula, após o que a seringa de proteína vazia se liberta e vai embora. Os vírus não são capazes de se alimentar nem de produzir excrementos e só conseguem fazer cópias de si mesmos ao "seqüestrar"o mecanismo de formação de proteínas dentro das células.

Se o agente do *scrapie* era um vírus, era diferente de todos os vírus conhecidos. Os carneiros, como as pessoas, possuem complexos sistemas imunológicos para reconhecer e destruir proteínas estranhas, tais como os revestimentos protéicos dos vírus; porém, como o kuru, o *scrapie* não causava inflamação nem febre e não provocava absolutamente nenhuma reação imunológica. Entre 1939 e 1953, um pesquisador de Edimburgo, dr. R. Wilson, submeteu o agente do *scrapie* a diversos testes e com esforço comprovou os resultados ao injetar em carneiros as controvertidas amostras desafiadas, e esperar o longo período de incubação para verificar se os carneiros finalmente adoeciam. Um de seus colegas escreve: "Ele não encontrou nenhum vírus, mas conseguiu demonstrar que o agente era altamente resistente" a muitos tipos de agressão. Sobreviveu a trinta minutos de fervura, a dois meses de congelamento, a uma poderosa desinfecção com formol, ácido fênico e clorofórmio. Atravessou filtros finos e foi pequeno o bastante para permanecer em suspensão mesmo quando posto a girar em solução numa centrífuga a 4 mil rotações por minuto. "Permaneceu vivo no cérebro ressecado durante pelo menos dois anos e resistiu a considerável dose de luz ultravioleta. Podia ser transmitido de carneiro para carneiro" ao ser injetado na pele, numa veia ou diretamente no cérebro. Normalmente as doenças são consistentes nos danos que provocam, mas o *scrapie* produzia menos orifícios no cérebro dos carneiros contaminados experimentalmente do que no dos carneiros que a contraíam naturalmente. Escreve o colega: "Em resumo, em 1953 Wilson já tinha condições de comprovar que esse agente transmissível era muito excêntrico." Infelizmente, o *scrapie* era tão excêntrico que Wilson hesitou em publicar seus resultados, que nunca foram amplamente conhecidos. Outros pesquisadores ingleses assumiram a busca à causa da doença e por vezes simplesmente repetiram o trabalho de Wilson. William Gordon, de Compton, num esforço grandioso, reuniu mais de mil carneiros de 24 variedades, inoculou em metade de cada variedade um cérebro contaminado pelo *scrapie* e descobriu nos dois anos seguintes que variedades diferentes tinham suscetibilidades diferentes à infecção. Carneiros e cabras foram contaminados com êxito ao serem alimentados com tecido contagiado pelo *scrapie*; essa via oral de infecção ajudou a explicar como a doença se alastrava nos rebanhos e apoiou a tese de que o canibalismo a disseminava. Cabras e depois camundongos demonstraram correlação inversa entre o tamanho da dose e o tempo de incubação: um cérebro contaminado com maior concentração do agente infeccioso produzia sintomas num período menor do que músculos contaminados com menor concentração do agente. (Mús-culos de animais contaminados, porém, provocavam a doença em outros animais. Essa soturna descoberta foi rapidamente esquecida por todos. Os músculos, adequadamente fatiados e embalados, são o que chamamos de carne.)

Duas descobertas inglesas conflitantes, no final da década de 60, intensificaram a controvérsia quanto à natureza do agente do *scrapie*. Uma foi o trabalho da dra. Tikvah Alper, moça que realizava pesquisas radiopatológicas no Hospital Hammersmith de Londres, junto com dois colegas de Gordon em Compton, os drs. D. A. Haig e M.C. Clarke. Os três pesquisadores bombardearam soluções secas congeladas de cérebros de ratos contaminados pelo *scrapie* com elétrons de alta energia gerados por potente acelerador linear. O bombardeio de elétrons despedaça moléculas. Radiação suficiente pode danificar ou matar um organismo. Tikvah Alper e seus colegas sabiam desde as primeiras pesquisas que havia uma relação entre a intensidade do bombardeio de elétrons e o tamanho da molécula-alvo: quanto mais intenso o bombardeio, menor ficaria a molécula que despedaçaria. Essa relação lhes proporcionou uma forma de avaliar o tamanho do agente da doença, fosse qual fosse. Após bombardearem suas amostras, eles as reconstituíram, fizeram uma gama de diluições e injetaram as amostras com crescente diluição em camundongos não contaminados pela doença. A amostra mais diluída que ainda causava o *scrapie* nos camundongos lhes deu um balizador da atividade biológica. Em seguida os três cotejaram essa dose com uma tabela de doses comparáveis de agentes biológicos de tamanho conhecido, incluindo três virus fagos, certa molécula de ADN e três proteínas. Os resultados foram impressionantes: se o agente do *scrapie* continha genoma de ácido nucléico, este genoma tinha de ser mil vezes menor que o genoma do menor vírus conhecido.

Na segunda fase da experiência, Alper e os colegas combinaram uma solução de vírus fagos e uma solução de cérebro afetado pelo *scrapie* e submeteram a mistura a severa radiação ultravioleta. A luz ultravioleta é germicida: mata os germes ao danificar seu ADN. Porém, uma dose que reduziu a capacidade infecciosa do vírus fago a apenas um por cento não diminuiu em absolutamente nada o poder infeccioso do agente do *scrapie*.

Esses experimentos diretos levaram Alper, Haig e Clarke a uma conclusão surpreendente, descrita por eles de forma objetiva no trabalho que publicaram em 1966:

> Uma vez que o agente do *scrapie* se multiplica no animal hospedeiro, presumiu-se que o ácido nucléico deve ser parte de sua estrutura. Contudo, a comprovação de que nenhuma inatividade resulta da exposição a uma grande dose de raios ultravioleta, de comprimento de onda especificamente absorvida pelos ácidos nucléicos, sugere que o agente talvez possa aumentar em quantidade, sem

que ele mesmo contenha ácido nucléico. Essa possibilidade é sustentada pelos dados das irradiações de elétrons, porque produzem um alvo implausível de tão pequeno como código de ácido nucléico.

Um agente infeccioso que se reproduzisse sem ácido nucléico seria único em toda a biologia. Essa extraordinária possibilidade foi a razão pela qual Francis Crick se utilizou do *scrapie* como desafio a seu dogma central. Foi também o motivo pelo qual uma doença de carneiros na Grã-Bretanha e outra que afetou apenas um pequeno número de antigos canibais no agreste da Nova Guiné se tornaram famosas entre os biólogos de todo o mundo.

Mais ou menos à mesma época, Alan Dickinson e seus colegas em Edimburgo seguiram uma segunda linha de experimentos que implicavam conclusões totalmente opostas às experiências de Alper. Dickinson estava interessado em explorar as diferenças entre os agentes do *scrapie* coletados em diversas fontes. Para tanto, deu início a um programa de inoculação a longo prazo de grande número de camundongos, com acompanhamento estrito de como eles mudavam à medida que a doença avançava. Logo verificou que cérebros de carneiros, cabras e outros camundongos afetados pelo *scrapie* tinham períodos de incubação diferentes nos camundongos. Algumas amostras desenvolviam os sintomas aos 171, 148 ou 155 dias; outras exigiam 328, 466 ou 602 dias para manifestar a infecção. Esses variados períodos de incubação tinham notável estabilidade, alterando-se em menos de dois por cento quando o agente do *scrapie* vindo da mesma fonte era passado de rato a rato. Para Dickinson, essa descoberta significava que dentro do *scrapie* havia diferentes variedades do agente, em que "variedade" queria dizer uma forma variante, como as diversas formas variantes do vírus da gripe que assolam a humanidade anualmente, algumas delas mais letais que outras e cada uma com um conjunto característico de sintomas. Variações são comuns em micróbios; com o tempo, pesquisadores de Edimburgo identificaram mais de vinte variedades de *scrapie*.

Dickinson e seus colegas encontraram outras diferenças entre as variedades de *scrapie*, além do período de incubação. Variantes distintas também produziam diferentes danos cerebrais característicos – diferenças na distribuição de danos espongiformes (orifícios nas células nervosas) e no acúmulo de placas amilóides. Da mesma forma que o período de incubação era estável para determinada variedade de *scrapie*, o padrão de danos cerebrais também o era. Isso significava ser possível definir, ao observar as interseções cerebrais, a variedade que matava o rato.

Se um agente de doença no tecido cerebral de um carneiro inoculado em um rato produz um padrão de incubação e se o dano cerebral pode ser transmitido de forma consistente de rato a rato, isso deve significar que informações estão sendo passadas de animal a animal. As moléculas portadoras das informações genéticas são os ácidos nucléicos (cerca de metade dos vírus tem genomas ARN em vez de ADN). O trabalho de Tikvah Alper sugeria que o *scrapie* não tinha ácido nucléico. O trabalho de Dickinson demonstrou, ao contrário, que o ácido nucléico *deve* estar presente no *scrapie* para transmitir os minuciosos dados necessários para perpetuar as variedades da doença.

Trabalhos adicionais feitos por Dickinson e seus colegas apresentaram argumentos ainda mais veementes a favor da presença de variedades. Os pesquisadores de Edimburgo inocularam em um rato uma variedade pura de *scrapie*, a 22C, cujo período de incubação era demorado, esperaram nove semanas para dar tempo à infecção de instalar-se e então inocularam no mesmo rato outra variedade pura da doença, a 22A, cujo período de incubação era curto. Ao analisar o cérebro do rato depois que ele adoeceu, descobriram danos cerebrais característicos da variedade 22A, que havia sido introduzida depois. Isso significava, escreveram os pesquisadores na publicação científica *Nature* em 1972, que as duas variedades competiram entre si (provavelmente pelos locais no cérebro onde o agente da doença se reproduzia) e que a variedade 22A ganhou a competição: era uma luta darwiniana pela sobrevivência, que comprovava de forma ainda mais enfática que os agentes do *scrapie* diferiam entre si.

Seria o *scrapie* um organismo com ácido nucléico ou não? Se não fosse, de que era feito então e como conservava e transferia informações? Um outro fato ocorrido no final da década de 60 acrescentou complexidade à confusão: pesquisadores demonstraram que as controvertidas suspensões de cérebros contaminados pelo *scrapie* com enzimas conhecidas por danificar os ácidos nucléicos não reduziram em nada as infecções (exatamente como Tikvah Alper demonstrara com a luz ultravioleta). Entretanto, combinar suspensões controvertidas com enzimas conhecidas por danificar *proteínas* reduziu espetacularmente o poder de infecção em mais de 90 por cento. Seria possível que o agente do *scrapie* fosse uma *proteína infecciosa*, seja lá o que isso for? Se fosse verdade, tudo indicava que o dogma central da biologia molecular sofreria grave e talvez fatal abalo e que a batalha entre a genética da proteína e do ácido nucléico precisaria ser retomada.

Seria mesmo? Os cientistas que trabalhavam com as encefalopatias espongiformes lutavam desordenadamente para encontrar uma explicação que salvasse o dogma central, baseados no sensato argumento de que todos os demais organismos da natureza seguiam as normas; por que uma pequena categoria de agentes de doença seria a única exceção? Gajdusek relembra que "todos davam palpites levianos". Alan Dickinson salientou que Tikvah Alper e seus colegas se haviam precipitado na conclusão. Seus resultados não provavam que ao *scrapie* faltasse ácido nucléico. Seu ácido nucléico poderia ser protegido da luz ultravioleta e do bombardeio de elétrons dentro de um revestimento protéico especialmente vigoroso. Raymond Latarjet, pesquisador francês do Instituto Curie de Paris, ressaltou que o *scrapie* era apenas duas vezes mais resistente a radiação do que o vírus polioma, que causa tumores em camundongos novos. O polioma protegia-se da radiação ao restaurar os danos a seu ADN; talvez o agente do *scrapie* também reparasse seu ADN.

Não foi um biólogo pesquisador nem um médico, mas um matemático da Faculdade Bedford, em Londres, que propôs uma alternativa notável e precursora na *Nature*, em 1967. J.S. Griffith considerou demoradamente o trabalho de Alper e sugeriu, baseado essencialmente em argumentos lógicos, que em certas circunstâncias as proteínas talvez fossem capazes de se reproduzir. "Existem pelo menos três modalidades pelas quais a auto-reprodução das proteínas deveria ocorrer" – escreveu Griffith. Ele acreditava não haver razão "para temer que a existência de um agente protéico faça toda a estrutura teórica da biologia molecular desmoronar". Uma das três modalidades do matemático não se enquadrava no comportamento do *scrapie*. As outras duas não foram excluídas. A descrição delas feita por Griffith é matemática e técnica, mas se resume a dois mecanismos básicos. Ambas compreendem as proteínas *hospedeiras*, de modo que as informações genéticas codificadas para elas seriam fornecidas pelo hospedeiro (o animal atacado pela doença) e não pelo agente infeccioso: isso solucionaria os problemas enumerados no trabalho de Tikvah Alper.

A Primeira Modalidade de Griffith faz do agente do *scrapie* uma proteína que adquiriu uma reação prejudicial, normalmente reprimida no hospedeiro. Se a proteína era uma das muitas comuns a vários animais e organismos, funcionaria mesmo se transmitida de carneiros a cabras ou de carneiros a camundongos. Se a reação reprimida no hospedeiro não fosse contida com cem por cento de eficiência, poderia voltar espontaneamente. Havia, por exemplo, ocorrências do *scrapie* sem nenhuma fonte óbvia e também se pensou que a DCJ, doença humana comparável disseminada mundialmente em nível baixo, ocorria espontaneamente.

A Segunda Modalidade de Griffith fazia do agente do *scrapie* uma forma anormal de proteína-hospedeira normal, ocasionalmente formada de modo espontâneo. Se essa forma anormal servisse de padrão, poderia induzir à produção de mais cópias anormais, que talvez então se acumulassem até provocar danos letais.

Se o *scrapie* seguisse uma dessas alternativas, Griffith concluiu que "então seria uma proteína ou um conjunto de proteínas que o animal está geneticamente equipado para criar mas que não costuma criar ou não cria daquela forma. Pode ser transmitida entre animais, mas constituir na verdade uma proteína diferente em espécies diferentes. Finalmente, em qualquer desses casos, existe a possibilidade do surgimento espontâneo da doença em animais anteriormente saudáveis".

Ambas as modalidades de Griffith proporcionavam um mecanismo que poderia justificar as variedades do *scrapie* como mutações do gene codificado para a proteína-hospedeira. Especular não é comprovar, mas as teorias do matemático inglês criaram raízes.

Alternando períodos em Bethesda e na Nova Guiné, durante esses anos Carleton Gajdusek dirigiu um jardim zoológico de estudos sobre o kuru, a DCJ e o *scrapie*, testemunhando e contribuindo para as mudanças definitivas que se seguiram à abertura da Serra Oriental para o mundo exterior. Certa ocasião ele escreveu de modo prosaico no diário que "os colares feitos de dedos humanos desapareceram completamente nesta região do Kukukuku." Em Agakamatasa, vilarejo onde os fores lhe haviam construído uma casa, Gajdusek observou que "escrever cartas é atividade muito popular" entre as crianças fores, embora só tivessem "um ano de escolaridade mínima". A gama das atividades do pesquisador o estimulou a:

> Ensinar a moderna terminologia anatômica e a terapia atual, preocupar-me com as lutas e os possíveis ataques entre grupos e tratar de possíveis desvios, colecionar cânticos e canções bélicos, vistoriar as casas dos homens em busca de armamentos que poderiam causar problemas, distribuir bolas de gude [para jogos infantis] a nosso grupo de carregadores [meninos que transportavam suprimentos para ele sempre que viajava nas suas rondas] e traduzir contos de Faulkner para o idioma fore e o kukukuku, utilizando meu "esperanto" adaptado. Essas atividades díspares e quase anacrônicas não são mais estranhas do que trocar clavas de guerra recém-usadas, machados de pedra e porretes de guerra por barras de sabão, agulhas, facas e caixas de fósforo. Trocávamos também um monte de um metro de altura e dois metros de diâmetro de kaukau [isto é, batata-doce], milho, cana-de-açúcar, hortaliças, coquinhos e até barras de sal nativo [potássio derivado de plantas] por colheradas de sal purificado e faquinhas para os meninos trans-

portadores. Eu também me ocupava em discutir com um pai a retirada de faixas rituais enroladas na barriga do filho para tentar limpar crostas de impetigo que cobriam o tronco da criança doente. Esses contrastes são todos maravilhosos, animadores, intelectualmente estimulantes e não anseio em voltar logo à "civilização", mesmo para sair de um dos mais remotos postos avançados governamentais na Nova Guiné!

O kuru declinava acentuadamente. Deixou de se manifestar nas crianças de quatro a nove anos em 1968, entre as de dez a 14 anos em 1972 e entre os jovens de 15 a 19 anos em 1973. As mortes entre adultos haviam baixado em mais de dois terços, alcançando 60 pessoas por ano em 1972. Nenhuma criança nascida desde que os fores desistiram do canibalismo havia sido contaminada pela doença. Os adaptáveis fores seguiram o conselho de seus mentores australianos e plantaram café; cultivar suas pequenas plantações de café ao lado das hortas das mulheres proporcionava aos homens fores trabalho respeitável e lucrativo, agora que as lutas intergrupais cessaram sob a pacificação australiana. (Gajdusek é da opinião que os australianos merecem um prêmio Nobel da Paz: "Eles pacificaram a área mais complexa que toda a Europa, América do Norte e Ásia e o fizeram sem derramamento de sangue, com leis protocolares. Reuniam multidões, vestiam mantos vermelhos e perucas e, por Deus, administravam justiça.")

Shirley Lindenbaum foi à Nova Guiné para dar continuidade a seus estudos antropológicos e encontrou um mundo transformado:

Em 1970, quando voltei ao Fore do Sul para passar várias semanas, eram inúmeros os sinais de um novo estilo de vida. Grupos locais nos arredores de Wanitabe haviam construído uma estrada secundária até o caminho principal entre Fore do Norte e do Sul, para facilitar a chegada de compradores de café das cidades de Kainantu e Goroka. Também em 1970, muitos vilarejos no Fore do Sul tinham suas próprias cantinas, onde estocavam comida enlatada, pequenas mercadorias e roupas. Essas eram as versões locais das lojas maiores que pertenciam aos homens brancos que antes haviam introduzido produtos ocidentais na região. Era tamanha a demanda de dinheiro vivo que agora era mais caro comprar um frango em Fore do Sul do que em Nova York. Igualmente surpreendente foi o fato de eu ter sido despertada na manhã seguinte à minha chegada por pequeno grupo de crianças gritando em inglês "bom dia!", ao passar correndo para a escola primária na encosta da montanha.

Independente de suas preferências pessoais, Gajdusek não negligenciava seu Laboratório de Estudos do Sistema Nervoso Central, que se expandia no INH de Bethesda. Joe Gibbs dirigia o laboratório e supervisionava uma equipe de jovens e talentosos pesquisadores ("Eu fui o suporte atlético de Carleton", graceja Gibbs). Eles tiveram sucesso variado sob diversas condições de experimentos na transmissão de kuru, DCJ, e encefalopatia transmissível de martas para chimpanzés, gibões, macacos do Novo Mundo (incluindo o macaco-aranha, o macaco-esquilo, o cebo, o macaco lanoso e o sagüi); macacos do Velho Mundo (incluindo resos, lêmures, macacos de rabo cotó, cinomologos, mangabeis e africanos); carneiros, cabras, bezerros, cangambás, furões albinos e negros, gatos domésticos, guaxinins, martas, camundongos, ratos, *hamsters* dourados e chineses, ratos do deserto, arganazes, cobaias e coelhos. Esse trabalho determinou vastíssima gama de hospedeiros das encefalopatias espongiformes transmissíveis, as EETs. Os pesquisadores escreveram na *Science*, revista científica americana, que isso se justificava porque não havia "indicadores disponíveis do vírus, à exceção do poder infeccioso, da doença clínica e das lesões neuropatológicas num animal experimental". Tiveram sucesso em transmitir o kuru de chimpanzé a chimpanzé, satisfazendo mais um dos postulados de Koch. Ao estudar o fenômeno das variedades, identificaram nada menos de 112 variações da DCJ (cada uma presente numa vítima humana) com diferentes períodos de incubação e padrões diversos. Se Alan Dickinson julgara que o trabalho de Gajdusek entre os fores era nada mais do que estudos clínicos, no início da década de 70 ninguém questionava que o laboratório do americano era o centro mundial do trabalho sobre as EETs. Portanto, foi a Carleton Gajdusek e sua equipe que a comunidade médica recorreu quando seus pacientes começaram a morrer.

8

Neocanibalismo de alta tecnologia

Nova York, 1971-1974

AS DOENÇAS CAUSADAS involuntariamente por médicos são chamadas de iatrogênicas, palavra formada por termos gregos que significa "produzida por médico". A primeira transmissão de uma encefalopatia espongiforme de ser humano para ser humano que se conhece fora da região de Fore foi iatrogênica. Em 1971, o dr. Arthur DeVoe, cirurgião ocular e presidente do conselho do departamento de oftalmologia da Faculdade de Medicina e Cirurgia da Universidade de Colúmbia, em Nova York, examinou uma mulher de 55 anos que se queixava de ver auréolas ao redor das luzes e cuja visão era nublada ao acordar mas melhorava no decorrer do dia. Parecia ser uma lesão de córnea, a janela transparente do olho, e, ao examinar a mulher, o dr. DeVoe constatou que as córneas estavam saturadas de água e inchadas. Essa condição leva o nome do médico vienense que primeiro a descreveu, em 1910 – é a distrofia de Fuchs. (A luz refratada pelas córneas inchadas provocava as auréolas; a visão da mulher melhorava durante o dia porque o excesso de fluido responsável pela inchação evaporava com os olhos abertos.) Casos menos graves de distrofia de Fuchs às vezes reagem ao tratamento médico, mas casos que evoluíram para um excesso de água e inchação requerem transplante de córneas, uma córnea de cada vez.

Conseguiu-se um doador, homem de meia-idade com um histórico de dois meses de perda de memória e tremores involuntários, que morreu de pneumonia. No necrotério do hospital, um oftalmologista retirou-lhe um globo ocular, mergulhou-o numa solução salina esterilizada num vidrinho e o entregou para a cirurgia.

A paciente de DeVoe esperava, sedada e sonolenta, o rosto coberto por uma faixa esterilizada, com uma abertura redonda sobre um dos olhos. DeVoe pegou uma seringa com novocaína e uma agulha comprida e fina, e injetou o anestésico na órbita ocular da mulher, inserindo a agulha em redor e debaixo do globo ocular. O nervo ótico e os nervos ciliares se entorpeceram, o olho ficou anestesiado e temporariamente cego.

Um assistente tirou a seringa da mão de DeVoe e lhe passou um bisturi e o globo ocular do doador envolto em gaze. DeVoe talhou o globo ocular como se talha um ovo pochê, virando a calota de olhar vidrado num recipiente de Teflon. Seu assistente lhe entregou um bisturi; o cirurgião fez uma incisão em torno do cilindro ocular do doador com mão experiente, retirando a córnea do lugar.

Depois de se assegurar de que tinha um bom órgão para o transplante, DeVoe centralizou o bisturi na córnea do olho anestesiado da mulher, girou-o novamente e extraiu a córnea doente. O buraco aberto no olho brilhou de tanto líquido.

Segurando a córnea doada como uma lente de contato, DeVoe colocou-a no buraco do olho da paciente. Encaixou perfeitamente. Meticulosamente, na hora seguinte DeVoe suturou as bordas da córnea e o globo ocular da mulher com pontos de fina linha de náilon, escondendo os nós no ferimento.

O olho sarou. A mulher conseguia ver normalmente de novo através da córnea do homem morto; a operação parecia ter sido um sucesso. Ocorre que o nervo ótico liga o olho diretamente ao cérebro, funcionando como um canal de infecções, e o cérebro do homem que morreu de pneumonia e só foi autopsiado depois que sua córnea foi retirada mostrou danos característicos da doença de Creutzfeldt-Jakob. Ano e meio após a operação, a mulher começou a sentir enjôos e dificuldade de engolir; começou a babar e a fazer movimentos bruscos, tinha espasmos, perdeu a fala e gradativamente virou um vegetal. Dois anos após a cirurgia, esquelética e cheia de escaras, recebeu a misericórdia da morte. Na autópsia, seu cérebro parecia o do homem que lhe doara a córnea: igual a uma esponja. Se Arthur DeVoe soubesse antes da operação de transplante... Uma doença se infiltrara da córnea implantada por ele e abrira buracos no cérebro da paciente.

Carleton Gajdusek e Joe Gibbs já haviam começado a explorar os riscos da contaminação cirúrgica pela DCJ quando o caso de DeVoe chegou ao conhecimento deles. Em 1973, examinaram o cérebro de um neurocirurgião de 54 anos que morreu de uma doença maligna de pele mas também apresentava sinais de uma doença cerebral progressiva. Seu tecido cerebral injetado num chimpanzé e num macaco-esquilo causou EET (encefalopatia espongiforme transmissível) nos dois animais. Os dois cientistas relataram o caso num congresso internacional de neurologia e salientaram que a DCJ do neurocirurgião talvez tivesse sido espontânea, mas podia também "refletir um risco profissional para os cirurgiões e patologistas que lidam com tecido cerebral humano".

Para alertar os profissionais sobre esse risco, Gajdusek e Gibbs prepararam um informe técnico para o *Journal of Neurosurgery*, no qual analisaram a possibilidade de transmissão da DCJ. Diziam que era razoável supor que o agente da DCJ fosse pelo menos tão resistente quanto o do *scrapie* ao calor, ao formol e aos raios ultravioleta. Escreveram que "se deve especialmente supor que o agente não morre por fervura". Os dois também ressaltaram que era freqüente os médicos confundirem o diagnóstico da DCJ com o do mal de Alzheimer, com a forma de atrofia cerebral conhecida como doença de Pick ou com muitos outros males, incluindo tumores cerebrais e ataques cardíacos. Recomendaram que os instrumentos empregados nos pacientes com essas doenças fossem esterilizados numa autoclave, máquina usada em hospitais e capaz de matar até resistentes microorganismos com vapor quente sob pressão durante pelo menos trinta minutos, o que é o dobro do tempo padrão utilizado nos processos de esterilização. Aconselharam também que se tratassem como infectados todos os órgãos retirados daqueles pacientes, mesmo que fossem imersos em formol. Encontraram apenas um agente químico, o alvejante de cloro, que matava confiavelmente o agente do *scrapie*; recomendaram que fosse empregado para descontaminar pisos e outras superfícies onde tecido contaminado pudesse ter caído.

Quando o informe ficou pronto para publicação, na primavera de 1974, DeVoe e seus colegas já haviam relatado seu transplante iatrogênico de córnea no *New England Journal of Medicine*. Gajdusek e Gibbs mencionaram o trágico episódio num adendo ao seu informe. Contataram DeVoe e lhe pediram uma amostra do tecido cerebral da mulher morta. Nessa ocasião, o tecido estava armazenado fazia sete meses, a temperatura ambiente, numa solução de formol. Gibbs homogeneizou-a e a injetou num chimpanzé. Um ano depois, o chimpanzé adoeceu com EET, provando que a doença era infecciosa.

Em 1963, Carleton Gajdusek começou a adotar crianças da Nova Guiné e da Micronésia. Desejava uma família e queria ajudar, educando alguns de seus filhos, as tribos pré-modernas que o haviam recebido tão bem. A primeira criança que levou para casa foi um menino anga de 12 anos chamado Mbaginta'o, que havia anos o ajudava com seus exames de kuru e autópsias. O dr. Gunther Stent, velho amigo de Gajdusek e professor de neurobiologia da Universidade da Califórnia, lembra-se bem da ocasião: "Mbaginta'o chegou a São Francisco com sua única vestimenta pós-Idade da Pedra: shorts brancos, camisa pólo e sandálias. Foi duro fazê-lo usar roupas de sair mais adequadas a seu iminente vôo para Washington. Acabamos levando-o à melhor loja de departamentos de Berkeley." Em Washington, Gajdusek matriculou Mbaginta'o numa cara escola particular. Mbaginta'o foi a primeira das 38 crianças pelas quais Gajdusek se empobreceu ao importá-las para os Estados Unidos nos 30 anos seguintes, sete ou oito de cada vez, e para quem pagou os estudos até a faculdade. Quando Gajdusek montou uma filial de seu laboratório no INH em uma instalação de Nível 4 que o exército americano tinha disponível em Fort Dedrick, na cidade de Frederick, Maryland, a noroeste de Baltimore, um amigo rico emprestou ao independente pediatra uma elegante mansão do século XVIII, situada numa propriedade no alto de um morro fora da cidade. Gunther Stent se lembra que a casa, cheia de crianças, "acabou parecendo um museu etnográfico, lotado de centenas de artefatos levados por Carleton para seu país, juntamente com as crianças, de sua residência no Pacífico: potes, lanças, escudos, máscaras e canoas (penduradas no teto)."

Além da casa em Frederick, Gajdusek mantinha a casa de sua família em Yonkers. Visitar museus, galerias de arte e outros locais culturais era parte de seu plano grandioso para educar os pupilos, e todo outono fazia uma peregrinação a Yonkers com seu bando de filhos adotados para visitar o túmulo de Herman Melville, que ele descobrira abandonado num cemitério. Foi em Yonkers, em 14 de outubro de 1976, de manhã cedo, que Carleton Gajdusek, então com 53 anos, soube que havia sido escolhido para receber o prêmio Nobel de Medicina daquele ano, junto com Baruch Blumberg, bioquímico americano que descobriu entre os aborígines australianos um antígeno fundamental à criação de uma vacina contra o vírus da hepatite B. A casa de Gajdusek em Yonkers estava apinhada com oito de seus filhos adotivos dividindo sacos de dormir com as namoradas quando equipes de noticiários de televisão começaram a bater à porta. "Minha principal reação" – escreveu Gajdusek em seu dário mais tarde naquela manhã – "foi preocuparme. Será que conseguirei completar o trabalho que estou tentando fazer, servir bem os meninos e manter-me humilde e criativo? Basicamente, saberei viver para minha própria curiosidade e não para adulação dos outros, ou quando os outros estiverem em minha mente poderão permanecer como que não nascidos e, mesmo assim, será que poderei viver para sua adulação com humildade?"

Escreveu que era gratificante "ser um ganhador do Nobel e viver na casa onde primeiro sonhei com pesquisas médicas em biologia como sendo minha vocação. Os nomes dos heróis de Paul Kruif estão escritos até hoje na escada que leva ao sótão. Partilhar essa notícia inesperada com amigos e com oito dos meus meninos é uma circunstância muito bem-vinda. Entretanto, a intromissão da imprensa em nossas vidas privadas é intolerável e extremamente perturbadora. A casa está cheia de gente de TV e repórteres que não parecem pensar em ir embora." Seus pensamentos concentraram-se então nos colegas. "Sinto-me constrangido quanto ao terrível efeito que a honra que estou recebendo pode ter sobre Joe Gibbs e Vin Zigas, certamente as duas pessoas com quem poderia logicamente esperar dividir este prêmio. Preocupei-me em que Hadlow e alguns de nossos colegas ingleses ou escoceses que pesquisam o *scrapie* pudessem ser 'meus parceiros' se eu chegasse a receber o prêmio. Isso implicaria a exclusão de Vin e Joe e teria sido ainda menos tolerável. A única solução é ampliarmos nossos objetivos e desvendar a natureza do agente do *scrapie* e a história natural das demências viróticas transmissíveis. Resolver esses dois problemas superaria todas as nossas conquistas até esta data. Tenho certeza de que a revelação completa da estrutura dos vírus não convencionais justificaria mais um Nobel."

Gajdusek abrigou sua turma de garotos com o seu amigo matemático Benoit Mandelbrot, descobridor dos fractais, no Laboratório de Pesquisas da IBM em Yorktown Heights, e fez a ponte aérea até o INH, onde passou tempo suficiente para falar com os colegas, encantados com a notícia do prêmio. Joe Gibbs o apresentou orgulhosamente; se Gibbs estava decepcionado, não deixou transparecer. A carta recebida por Gajdusek comunicando-lhe a concessão do Nobel também informava que sua parte do prêmio montava a US$79.742, dinheiro que ele gastaria com a educação dos filhos adotivos. (A dotação do Nobel havia diminuído sensivelmente naquela época, o que era uma falta de sorte dos ganhadores, mas o valor já foi restabelecido.)

Dois dias depois, o grupo de Gajdusek concluiu sua peregrinação ao túmulo de Melville. Gjdusek teve problemas para encontrá-lo no cemitério lotado, quando então soltou os filhos para porem em prática suas habilidades para achar pistas. Na ocasião ele já tivera tempo para refletir sobre a justiça do prêmio e ponderou nas suas anotações de 16 de outubro: "Compreendo agora, quando recapitulo com franqueza essas duas últimas décadas, que o ímpeto para determinar que as doenças de vírus lentos como mecanismo da patenogênese das enfermidades humanas foi muito mais meu que até de Joe, e foi isso que a comisão do Nobel observou. Hadlow participou nas pesquisas, assim como Elisabeth [Beck], Igor [Klatzo] e Joe Smadel, além de [William] Gordon, [John] Stamp [diretor do Instituto Moredun], Pal Palson e Björn Sigurdsson [ambos da Irlanda], e durante muitos anos o trabalho dependeu de Vin e, depois, de Joe. Partilhar o prêmio com eles teria sido mais generoso." Em vez disso, ele dividiu o laurel com Baruch Blumberg e a comissão do Nobel citou os dois homens "por suas descobertas referentes a novos mecanismos da origem e disseminação das doenças infecciosas". Vinte anos antes do triunfo de ambos, mesmo antes de conhecer os fores, Gajdusek dissertara em suas anotações sobre a fascinação ocidental com as sociedades pré-modernas:

> O homem primitivo tem atraído a imaginação, a curiosidade e o romantismo dos homens da cultura ocidental há séculos, talvez milênios... É possível que o homem civilizado veja suas próprias origens nos resquícios remanescentes das culturas primitivas e perceba intuitivamente ao observá-las ser possível haver outras soluções para o problema da sociedade e da vida pública, além daquelas que os acontecimentos históricos escolheram para ser seu próprio destino. O Pacífico Sul, especialmente, tem sido fonte de anseios românticos e grande número de artistas e cientistas talentosos da Europa e da América têm partido para lá em busca do Nobre Selvagem de

Rousseau. Pierre Loti, Robert Louis Stevenson, Joseph Conrad, Paul Gauguin, nossos americanos Henry Adams e Herman Melville e, mais recentemente, Somerset Maugham e James Michener narraram as histórias do Pacífico Sul com pinceladas mais dramáticas, se bem que menos exatas, do que Bronislaw Malinowski, Alfred Russell Wallace, Charles Darwin e o capitão Cook...

As descobertas de Gjdusek e de Blumberg foram dádivas temperadas pelo sofrimento dos povos pré-modernos. Ao unir os dois cientistas para o prêmio daquele ano, a comissão do Nobel talvez estivesse reconhecendo a benfeitoria de Rousseau.

Em meio aos preparativos para viajar a Estocolmo, em 28 de novembro Gajdusek foi informado pelo médico suíço Christopher Bernoulli que dois de seus jovens pacientes em Zurique haviam manifestado o que parecia ser a doença de Creutzfeldt-Jakob depois de uma cirurgia contra epilepsia. "A carta do dr. Bernoulli é tão surpreendente e perturbadora que mal posso acreditar nela" – escreveu Gajdusek em seu diário aquele dia. Os instrumentos de contaminação eram evidentemente eletrodos de prata que Bernoulli havia inserido no cérebro de seus pacientes e lá deixado durante vários dias para triangular a localização de suas convulsões antes da cirurgia cerebral corretiva. O médico suíço localizou a contaminação numa mulher de 69 anos que sofria da DCJ e a quem tratara em 1974. Utilizara os eletrodos para monitorar as ondas cerebrais da mulher, esterilizando-os a vapor com 70 por cento de álcool e formol. Alguns meses depois, uma moça de 23 anos se apresentou para tratamento de epilepsia resistente a remédios. Em novembro de 1974 Bernoulli implantou-lhe nove eletrodos no cérebro, dois dos quais haviam sido usados na paciente com a DCJ; com base na leitura dos eletrodos, operou o seu cérebro e livrou-a dos ataques epiléticos.

Em julho de 1976, porém, a jovem voltou a consultar-se com Bernoulli. Estava grávida de seis meses, tinha dificuldade de andar e falar, sentia náuseas ao dirigir e sofria de perda de memória. Bernoulli reparou também em movimentos bruscos dos olhos e falta de coordenação. Posteriormente escreveu que "ela dava respostas imprecisas e parecia estonteada". A deterioração foi rápida. Em meados de setembro ela deu à luz uma criança normal, por meio de cesariana. Desde então, entrara em coma.

O segundo paciente de Bernoulli era um rapaz de 17 anos com história semelhante. Estava à morte quando Bernoulli escreveu a Gajdusek. "Os médicos estão preocupados com a possibilidade de que uma tragédia se abata sobre eles" – registrou Gajudsek em seu diário – "e solicitam minha ajuda. Telegrafei-lhes hoje à noite e disse que estaremos a postos para estudar o tecido cerebral e de outros órgãos de todos os seus pacientes." O rapaz de 17 anos morreu cinco dias depois e uma autópsia cerebral confirmou a DCJ. Tecidos de ambos os pacientes, implantados em primatas, comprovaram com o tempo a transmissão.

Às cerimônias do Nobel, em dezembro, Gajdusek levou um grupo de pupilos, incluindo Mbaginta'o, agora com 25 anos e cujo primeiro nome era Ivan, e sete meninos mais novos da Nova Guiné, Micronésia e Cingapura, enviando antecipadamente as medidas exatas para suas calças e fraques listados. Joe Gibbs, Paul Brown, Marion Poms [secretária de Gajdusek] e dois outros amigos se uniram ao grupo. Gajdusek informou a seus anfitriões que os jovens não precisariam de quartos separados: estavam acostumados a dormir em sacos de dormir no chão e podiam ficar na suíte dele. De estatura baixa mas fortes, bonitos e educados, os meninos deixaram uma impressão inesquecível.

O mesmo ocorreu com Gajdusek. Era tradição do Nobel que todo premiado fizesse uma palestra de 45 minutos sobre o trabalho que lhe valera o prêmio. Incapaz de se conter, Gajdusek falou durante duas horas. " Isso não teve importância" – me disse George Klein – "porque o que ele tinha a dizer era fascinante." Em sua palestra ilustrada, Gajdusek exibiu um tubo plástico enegrecido por radiação e salientou que o agente do *scrapie* continuava vivo e infeccioso ali dentro. Observou que mesmo em amostras de *scrapie* parcialmente purificadas não era possível identificar nenhuma partícula virótica ao microscópio eletrônico. Acrescentou que nenhum ácido nucléico infeccioso e nenhuma proteína estranha eram visíveis nessas doenças não convencionais. Concluiu, pensando talvez na dádiva de sofrimento dos fores, que a investigação da história e da epidemiologia "de uma doença rara e exótica, limitada a uma pequena população isolada – o kuru da Nova Guiné –, provocou estudos, em várias partes do mundo, de importância para toda a medicina e a biologia". Gajdusek finalizou de modo franco dizendo que ainda restava muito a saber, havia muita coisa "ainda inexplicável".

Não houve outros casos resultantes da tragédia suíça, mas Gajdusek, Gibbs, Paul Brown e outros do laboratório de Gajdusek colaboraram em 1977 num artigo especial para o New York Journal of Medicine alertando os médicos em geral a tomar precauções especiais ao lidar com pacientes da DCJ. Embora julgassem que quartos isolados não se justificavam, aumentaram de trinta minutos para uma hora o tempo recomendado para a esterilização dos instrumentos médicos em autoclaves no caso de pacientes com DCJ. E desaconselharam doações de sangue ou tecido por parte de dementes. A soturna possibilidade de que uma doença cerebral irreversível e cem por cento fatal pudesse ser transmitida por transfusões de sangue foi confirmada em 1978 em cobaias contaminadas com a doença de Creutzfeldt-Jakob por pesquisadores da Universidade de Yale. O laboratório de Gajdusek começou a testar outras secreções e excreções corporais – lágrimas, saliva, fezes, urina, sêmen e muco vaginal – para determinar seu poder de infecção. Em 1980, Gibbs, Gajdusek e vários outros colegas relataram haver transmitido kuru, DCJ e *scrapie* oralmente a macacos-esquilos alimentados com cérebro, rim e baço contaminados. Em 1982, o Instituto de Pesquisas Básicas de Deficiências do Desenvolvimento do Estado de Nova York, na ilha Staten, relatou a transmissão de *scrapie* ao aplicar matéria homogeneizada de cérebro na gengiva de camundongos. Raspar as gengivas com uma tesoura primeiro ou arrancar um dente causava cem por cento de transmissão; se as gengivas não fossem raspadas, mesmo assim a transmissão chegava a 71 por cento; isso enfatizava o possível risco de transmissão dentária da DCJ. Mais ou menos à mesma época, como que para ressaltar o perigo, dois pesquisadores da Universidade de Oxford relataram pelo menos três casos de transmissão iatrogênica da DCJ por neurocirurgia já na década de 50, e uma "série mais recente de três casos no leste da Inglaterra, possivelmente ligados a práticas dentárias": um dentista e dois de seus pacientes haviam morrido com a DCJ.

Apesar desses incidentes significativos, quando Paul Brown analisou as provas em 1980, concluiu que, a não ser "por alguns casos comprovados ou altamente suspeitos de transmissão cirúrgica iatrogênica da DCJ", não havia casos documentados de transmissão entre seres humanos por nenhuma via convencional de entrada de vírus: infecção pelo ar, por via oral, venérea, epidérmica ou por furo na pele. Ao mesmo tempo, porém, alertou que sua análise o fez pensar que estava em "um labirinto, cuja saída continuava terrivelmente obscura". O labirinto logo se revelaria ainda mais cruel.

9

Crianças Contaminadas

Edimburgo, 1976/Palo Alto e Bethesda, 1985

CERTA NOITE DE outubro de 1976, mais ou menos na mesma época em que Carleton Gajdusek soube que ganhara o prêmio Nobel de Medicina, Alan Dickinson, geneticista de Edimburgo, foi abalado por terrível premonição. "Eu tinha ido para a cama" – ele me contou – "e acho que fiquei refletindo. Costumo adormecer imediatamente e às vezes acordar algumas horas depois. Depois de dormir um pouco, você se sente revigorado e pode conceber experimentos. Naquela noite, porém, sentei-me na cama e pensei: *"Meu Deus, será que eles se dão conta de que a maneira como estão extraindo o hormônio do crescimento"* – para injetar em milhares de crianças no mundo inteiro e combater o nanismo – *"pode concentrar o agente da DCJ?"*

O hormônio do crescimento humano foi primeiro isolado da glândula pituitária na década de 50. É uma pequena glândula mestra ligada à base do crânio que segrega os hormônios que regulam o crescimento, o metabolismo e a reprodução. Em 1958, quando um médico-pesquisador demonstrou que injeções do hormônio do crescimento podiam estimular crianças com nanismo pituitário a crescer até uma altura normal, os pediatras clamaram por estoques do hormônio. Na ocasião, a única fonte eram as glândulas pituitárias retiradas de cadáveres em autópsias. Nos Estados Unidos, montou-se em 1963 um Programa Nacional de Hormônios e Glândulas Pituitárias nos Institutos Nacionais de Saúde para coletar pituitárias de cadáveres, extrair o hormônio do crescimento e distribuí-lo aos pediatras dispostos a participar em programas experimentais de tratamento. Programas similares tiveram início na mesma época em outros países, sobretudo Inglaterra, França e Austrália. "O hormônio do INH não visava a lucros" – comenta Gajdusek, mas nos vinte anos seguintes "cerca de 50 mil crianças nos EUA, outro tanto na Europa e números equivalentes na Ásia e na América do Sul – talvez quase 200 mil crianças no mundo inteiro – receberam o hormônio do crescimento."

Quando Alan Dickinson se deu conta de que o método que o Conselho de Pesquisas Médicas (CPM) britânico estava utilizando para concentrar o hormônio do crescimento extraído das glândulas pituitárias de cadáveres poderia também concentrar o agente da DCJ, alertou o conselho para o possível risco. O CPM respondeu encarregando o instituto de Dickinson de testar o método: deliberadamente contaminar animais de laboratório com a DCJ e extrato de hormônio do crescimento. O processo de testes era necessariamente lento, pois o período de incubação da encefalopatia espongiforme é demorado mesmo em camundongos; os resultados só estariam disponíveis em 1983.

Em 1976, de acordo com Dickinson, um hormônio do crescimento geneticamente produzido estava à vista, ainda não aperfeiçoado, mas acreditava-se que no máximo em dois a três anos estaria pronto. Sua pureza era garantida: era produzido por levedo recombinado com o código genético do hormônio do crescimento humano em seu ADN. Enquanto isso, com vultosos gastos, o CPM acumulava grande quantidade de hormônio extraído de cadáveres para atender à demanda inglesa, até que o hormônio produzido pela engenharia genética estivesse disponível. O CPM avaliou o risco teórico de empregar o hormônio estocado por dois ou três anos mais, cotejando-o com o risco real de parar o tratamento das crianças que sofriam de nanismo, e decidiu que valia a pena arriscar. "O tratamento era muitíssimo gratificante, entenda" – comenta Dickison com amargura –, "porque não se está lidando com um mal que ameaça a vida; está-se lidando com algo que modifica tremendamente a qualidade de vida. Muitíssimo gratificante, e contra isso você se depara com essa entidade inconcebível e nebulosa que é a doença de Creutzfeldt-Jakob – o nome é difícil até de pronunciar –, e quem são as pessoas que estão fazendo onda num instituto de pesquisas animais? Isso não passa de uma piada, francamente!" O CPM decidiu continuar a distribuir o hormônio de crescimento extraído de cadáveres, enquanto Dickinson e colegas prosseguiam na pesquisa de purificação. Outros países sequer foram alertados para o risco.

Com o tempo, os cientistas de Edimburgo informaram não haver encontrado a DCJ nos hormônios purificados. Paul Brown pôs em dúvida essa conclusão. Seguindo norma-padrão de seu experimento, Dickinson e colegas inocularam em animais apenas parte do hormônio do crescimento produzido. Brown argumenta que "*não encontrar um vírus* não significa necessariamente *não haver vírus*, como demonstrariam fatos subseqüentes. Para demonstrar a ausência total de infecção, seria preciso injetar todo o volume de material". O argumento de Brown é de que o agente da DCJ poderia estar oculto na porção do lote de teste desprezada por Dickinson e seu grupo. O cientista de Edimburgo defende a qualidade do trabalho do instituto: "Usamos apenas o bom senso. Em nossa pesquisa sobre o *scrapie*, tivemos de separar variedades da doença e, se você consegue fazer isso, consegue fazer qualquer coisa." O grupo de Dickinson talvez estivesse capacitado a purificar extratos contaminados de glândulas pituitárias com a técnica desenvolvida no CPM. Os técnicos de outras instituições responsáveis pelo estoque de hormônio do crescimento para o CPM evidentemente não estavam preparados para isso.

Uma das primeiras crianças americanas a ser tratada com o hormônio do crescimento foi um menino da Califórnia conhecido na história médica como JRo. Ele sofria de múltiplas deficiências hormonais, não apenas de hormônio do crescimento, mas também da tireóide e de insulina. Começou a tomar o hormônio do crescimento em 1965, aos dois anos de idade. Como era diabético insulinodependente, isso dificultava o tratamento da sua deficiência de hormônio do crescimento da forma habitual, com injeções três vezes por semana. "Assim" – escreve seu médico, o dr. Raymond L.Hintz, endocrinologista pediátrico da Universidade de Stanford –, "JRo tornou-se o primeiro a receber diariamente o hormônio do crescimento em grandes doses, e durante muito tempo." Ao fazer 20 anos, alcançara a altura de 1,62m. Sua família e os médicos consideravam seu caso um sucesso.

Paul Brown fala da história de JRo: "De acordo com sua mãe, ele sempre foi um jovem feliz, otimista e conversador; talvez devido a sua frágil condição médica, era também um tanto estóico. Portanto, quando se queixava, cumpria às pessoas ouvir." No seu vigésimo ano de vida, JRo reclamou de tonteira num vôo que fez com a família do Maine a São Francisco, para visitar os avós. Sua mãe achou que o nível de açúcar no sangue podia estar baixo, problema comum nos diabéticos. Deu-lhe umas balas e ele se sentiu melhor. No Maine, porém, escreve Brown, "recusou um convite para dar uma volta no lago na lancha do avô, dizendo que não precisava dar uma volta porque já estava tonto".

A tonteira de JRo continuou quando ele voltou para São Francisco. Hintz relata que "quando ele desceu do avião, sua mãe reparou que estava desajeitado e fazia movimentos deselegantes". Domingo, 17 de junho de 1984, ela telefonou a Hintz, que tratou de examinar JRo na sala de emergência do hospital universitário. Verificou que a fala e a coordenação do jovem estavam prejudicadas e que seus olhos se contraíam. Logo tomou providências para que ele consultasse um neurologista. Hintz descreve o brutal avanço da doença de JRo: "Uma série de fatos neurológicos desastrosos progrediu rápido num período de poucas semanas. Os pais ficaram obviamente alarmados. JRo acabou vítima de grave demência e seu estado se deteriorou a ponto de precisar ser hospitalizado; morreu seis meses após o surgimento dos sintomas. A autópsia revelou os clássicos sinais patológicos do diagnóstico de encefalopatia espongiforme da DCJ."

Em fevereiro de 1985, ao ser informado dos resultados da autópsia, Hintz ficou perturbadíssimo. Lembrou-se de uma conferência a que assistira três anos antes no Departamento de Alimentos e Remédios (Food and Drug Administration, FDA) em Washington, onde se discutiram doenças causadas por vírus lentos. "Dado que a DCJ era raríssima em jovens" – escreve – "fiquei preocupadíssimo com a possibilidade de que a doença de JRo pudesse ter surgido pela contaminação de estoques de hormônio natural do crescimento pelo agente infeccioso da DCJ. Se fosse esse o caso, todos os pacientes que havíamos tratado com o hormônio natural do crescimento poderiam estar correndo o risco de desenvolver aquela terrível doença neurológica degenerativa." No final de fevereiro, Hintz escreveu uma carta sobre a doença fatal de JRo e dela mandou cópias à FDA, ao Programa Nacional de Hormônios e Glândulas Pituitárias e ao INH. Sugeriu na carta um "cuidadoso acompanhamento de todos os pacientes tratados com o hormônio do crescimento nos últimos 25 anos".

O administrador do INH responsável pelo programa de hormônio do crescimento era o dr. Mortimer Lipsett. Ao ler a carta de Hintz, Lipsett não perdeu tempo. "Nunca vi o governo responder a alguma coisa tão depressa quanto à carta de Hintz" – disse-me Brown. "Foi fantástico. Lipsett realmente agiu na mesma hora." O administrador do INH convocou uma reunião de autoridades e cientistas em 8 de março. Recomendaram que alertassem os médicos sobre a possibilidade de um problema e se cancelasse totalmente o uso não terapêutico do hormônio. Não recomendaram suspender os tratamentos com o hormônio até que o diagnóstico da DCJ de JRo pudesse ser verificado, excluídas outras possíveis fontes de exposição à DCJ.

"Recordo que as seis semanas seguintes foram um período muito tenso" – escreve Hintz. "Embora meus colegas de Stanford apoiassem minhas ações totalmente, muitos outros colegas, pediatras endocrinologistas, me tacharam de alarmista e não hesitaram em me dizer isso. A pressão aumentou quando pareceu que o uso terapêutico do hormônio do crescimento nos Estados Unidos talvez fosse suspenso aparentemente por causa daquele único caso. Assim, mais de 3 mil pacientes com deficiência do hormônio não mais poderiam receber o tratamento necessário, devido ao relatório que fiz de um só caso."

Lipsett agendou uma segunda reunião ampliada no INH para 19 de abril, a fim de discutir se o emprego terapêutico do hormônio do crescimento deveria ser interrompido. Convidou administradores, cientistas, médicos e fornecedores de vários países para participar. Hintz chegou a Bethesda na tarde de 18 de abril e soube que se haviam identificado mais dois prováveis casos da DCJ. "Por incrível coincidência" – escreve –, "esses pacientes tratados com o hormônio do crescimento haviam morrido de uma doença neurológica havia poucos meses."

Nenhum dos dois casos fora notificado antes porque não se havia considerado um diagnóstico da DCJ: os dois pacientes eram muito jovens para se enquadrar no perfil habitual da DCJ. Um era um vendedor de 32 anos que trabalhava numa loja de música em Dallas – seu andar vacilante havia sido notado pela mãe desde o início. O médico da família desconfiou de problemas no interior do ouvido ou de uma lesão cerebral, mas não encontrou nada disso. O homem continuou a trabalhar até que sua perda de coordenação progrediu e um freguês que era médico lhe sugeriu consultar um neurologista. Ao fazê-lo, o diagnóstico foi de provável esclerose múltipla. Ao contrário de JRo, ele não demonstrava nenhum sinal de demência. Brown escreve que "se investigou a hipótese de doenças banais para explicar o que ocorria até pouco antes de sua morte, em fevereiro de 1985".

O segundo paciente, um homem de 22 anos residente em Buffalo, estado de Nova York, certo dia notou que estava se inclinando para a direita ao andar. Problemas de equilíbrio e visão dupla o levaram ao médico, que lhe disse estar fingindo tudo aquilo para escapar ao trabalho. Brown relata que ele piorou e na Clínica Geral de Buffalo foi diagnosticada severa síndrome do cerebelo; o paciente foi transferido para uma clínica particular. Da mesma forma que o vendedor de Dallas, este homem manifestou demência não acentuada até morrer, o que era um padrão mais semelhante ao do kuru que ao da DCJ.

O pediatra de Stanford recorda que, quando souberam do caso de Hintz, os dois médicos que haviam tratado daqueles pacientes analisaram suas anotações "e perceberam que eram impressionantemente parecidos em sua caracterização clínica e no curso inexorável da doença fatal".

Brown afirma que foram mortes causadas por hormônio do crescimento. Na reunião de 19 de abril do INH, alguns dos participantes estrangeiros que forneciam hormônios ao programa dos EUA argumentaram que os métodos de purificação no país deviam ser falhos e que portanto o problema era estritamente norte-americano. Não querendo arriscar, Lipsett ordenou a imediata cessação nos EUA de todos os tratamentos à base de hormônio do crescimento, independente da fonte do hormônio.

Brown observa que "os pediatras lamentaram tremendamente. Resistiram ao máximo. Eles tinham certa razão quando só havia um caso. Mas apareceram mais dois casos e ponto final. Mesmo então, porém, ficaram desgostosos". Felizmente um hormônio do crescimento recombinado geneticamente tornou-se disponível em alguns meses. "Não sei o que teria acontecido se não se houvesse produzido o hormônio recombinado naquela ocasião" – diz Brown. – "Meu palpite é que teríamos continuado com o hormônio natural do crescimento nas situações em que houvesse risco de vida, como é o caso da diabete, e não o teríamos aplicado em ninguém mais."

Depois que a poeira baixou, Brown analisou o risco de que as pituitárias de cadáver pudessem conter a DCJ. Dado que as autópsias que incluíam o cérebro eram mais prováveis de ser realizadas em pessoas que morriam de doença neurológica, calculou que uma em mil pituitárias coletadas para o programa do hormônio do crescimento possivelmente contivesse o agente da DCJ. "Conjuntos de pituitárias que continham 10 mil glândulas, portanto, tinham boa possibilidade de portar de uma a dez glândulas infectadas. Como se soube mais tarde que aproximadamente meio milhão de glândulas foi processado entre 1966 e 1977, deduz-se que entre 25 e 250 glândulas infectadas teriam sido incluídas em lotes de pituitárias coletadas somente durante aquele período."

Os ingleses revisaram seus registros ao serem informados das três mortes nos EUA e identificaram a DCJ como *causa mortis* de um cidadão inglês de 22 anos que era tratado com hormônio do crescimento, em fevereiro de 1985, mesmo mês da morte do vendedor da loja de música em Dallas. Extremamente preocupados, Brown, Gajdusek e Gibbs alertaram a comunidade médica num artigo publicado em setembro no *New England Journal of Medicine* sobre "uma potencial epidemia da doença de Creutzfeldt-Jakob, causada pela terapia com o hormônio do crescimento humano". Tentaram avaliar o grau de risco, mas o melhor que conseguiram foi oferecer um limite de variação: dos quatro pacientes já identificados até o caso extremo de uma epidemia, alertada por eles naquela ocasião. Dado o longo período de incubação da EET, era muito cedo para dizer.

Durante quase um ano, nenhum outro caso da DCJ surgiu entre os receptores do hormônio do crescimento. Então, na primavera de 1986, 12 anos após seu último tratamento com o hormônio do crescimento no programa norte-americano, uma jovem neozelandesa morreu de DCJ. Uma doutora do Centro Médico de Cornell, na cidade de Nova York, analisou os registros dos cem pacientes que ela havia tratado com o hormônio do crescimento e descobriu um que morrera de pneumonia em 1979 e cujo cérebro mostrava a patologia da DCJ. Um paciente da Pensilvânia faleceu em 1987. Mais casos de pacientes ingleses começaram a surgir em 1988. Doentes franceses começaram a morrer em 1989. Brown estima que em 1996 o número de mortes foi de cerca de oitenta casos no mundo inteiro: "Quinze nos EUA, dois na Nova Zelândia e um no Brasil, de uma pessoa que recebeu o hormônio preparado no seu país. Houve também um óbito na Austrália, de um paciente que recebeu hormônio local, 17 no Reino Unido e cerca de quarenta na França".

A morte de oitenta jovens antes saudáveis já era terrível. "Foi pura sorte" – afirmou um soturno Carleton Gajdusek numa conferência sobre bio-ética no Japão, em 1992 – "o que salvou milhares de pessoas quando inadvertidamente contaminamos o hormônio do crescimento humano preparado com pituitárias de cadáveres humanos e o injetamos em nossas crianças, num exemplo de canibalismo de alta tecnologia... Só por puro acaso não ocorreram mais de 200 mil mortes iatrogênicas!"

No seu artigo de setembro de 1985 no *New England Journal of Medicine,* Brown, Gajdusek e Gibbs focalizaram abertamente o perigo maior da contaminação iatrogênica pela DCJ:

> Mais uma vez somos tragicamente lembrados de que os tecidos humanos são fonte de doenças infecciosas e de que toda transferência terapêutica de tecidos de uma pessoa a outra inclui o risco inevitável de transferir a infecção. Nesse contexto, devemos continuar a nos preocupar com produtos como o hormônio estimulador da foliculina, o hormônio luteinizante, a prolactina e o interferon humano, além da pele, ossos, tutano, *dura*

mater, vasos sangüíneos, enxertos de nervos e transplante de órgãos.

Confirmando a previsão, a primeira morte por DCJ a partir de uma *dura mater* – rígida membrana externa que cobre o cérebro, usada para remendos após cirurgias cerebrais – transplantada, ocorreu em 1987. Seis novos casos foram notificados pela Nova Zelândia, Inglaterra, Itália e Japão nos cinco anos seguintes. Em cinco dos sete casos, a *dura mater* levou a uma empresa alemã que processava os tecidos com água oxigenada e radiação. No mesmo período, um hormônio empregado no tratamento de infertilidade, o gonadotrofina, estava contaminado com a DCJ e matou três mulheres australianas. Um holandês de 51 anos morreu da DCJ dois anos após a membrana do coração haver sido usada para restaurar seu tímpano perfurado, mas não se tem certeza se a DCJ foi iatrogênica, pois o doador não foi autopsiado. "A DCJ iatrogênica" – concluiu Paul Brown num estudo de 1992 – "é um problema grave e crescente no ambiente de alta tecnologia da medicina moderna."

Brown criou um nome sarcástico para essas constantes tragédias humanas. Ele as chama de "incêndios amistosos".

10

Um Candidato a Certa Maravilha Moderna

Ilha Staten, Agakamatasa e
São Francisco, 1972-1985

EMBORA AS CALAMIDADES médicas se acumulassem nas décadas de 70 e 80, as pesquisas sobre a natureza do agente do *scrapie* avançavam. Os pesquisadores esperavam que a compreensão das encefalopatias espongiformes transmissíveis pudesse abrir caminho para se conhecerem outras doenças obscuras do sistema nervoso central que matavam muito mais gente, especialmente a esclerose múltipla e o mal de Alzheimer. Também se preocupavam com o fato de que desconhecer a causa de uma doença era correr o risco de provocar a sua enorme ira caso ela viesse a escapar. Não é necessário identificar o agente de uma doença para evitar a doença – muitas enfermidades foram controladas com melhores condições sanitárias ou medicamentos antes de se descobrirem suas causas – mas as EETs eram excepcionalmente enganosas.

Gajdusek e Gibbs ampliaram suas operações a partir do INH e de Fort Dedrick até um local para animais na Louisianna.

"Estavam injetando esse troço até em jacarés!" – relembra um colega cético. Utilizaram recursos financeiros para trabalhar também no Laboratório das Montanhas Rochosas. Os *freezers* estavam cheios de cérebros congelados e os trabalhos escritos se multiplicavam: eram dezenas a cada ano, o ganhador do prêmio Nobel figurando sempre entre os autores, acrescentando fragmentos de informações pouco a pouco ao complexo panorama geral. A imagem, porém, continuava desfocada e o assunto permanecia confuso. Quando Gajdusek escreveu em seus registros sobre a justificativa para o Nobel, previu que "a revelação total da estrutura dos vírus não convencionais mereceria outro Nobel". Sua opinião a esse respeito não era única.

Em outros lugares dos Estados Unidos, na Inglaterra, Europa e Ásia outros cientistas dedicados – alguns quase doentiamente ambiciosos – assumiram a pesquisa.

Patricia Merz, uma jovem enérgica que ainda não tinha tido tempo de terminar sua tese de doutorado, logrou um marco valioso no final da década de 70 ao utilizar um microscópio eletrônico no Instituto de Pesquisas Básicas de Deficiências do Crescimento, do estado de Nova York, na Ilha Staten. Com 1,52m de altura, esquiadora fanática, sólida e atarracada, mãos fortes, olhos azuis e espesso cabelo castanho amontoado na cabeça como um brioche, Merz dedicou-se a pesquisar a EET, seguindo o futuro marido da Ilha Staten a cursos de extensão em Filadélfia. "O instituto foi montado só em 1969" – disse-me em seu laboratório na Ilha Staten. "O objetivo era examinar as doenças cerebrais, especialmente as que atacam crianças. Na ocasião começava-se a pesquisar as EETs e os primeiros dados não comprovados forneciam um indício do que estava acontecendo com o sistema nervoso."

Dado que as várias EETs se comportavam de modo semelhante e causavam danos similares, estudar uma delas talvez revelasse informações básicas sobre todas. Merz se interessou pela doença do *scrapie*, a EET escolhida para pesquisas laboratoriais porque fora estudada mais amplamente em séries estáveis de camundongos e *hamsters* de laboratório. Ninguém ainda conhecia o agente do *scrapie*. Todos continuavam a persegui-lo, acompanhando infatigavelmente sua infecção em animais de laboratório. Admiradora de quebra-cabeças, pragmática, racional e impaciente com abstrações, Merz resolveu procurar o agente ela mesma. Para tanto, primeiro precisava aprender a operar o microscópio eletrônico e a identificar as estruturas de tecido reveladas por esse magnífico instrumento.

O microscópio eletrônico (ME) – máquina do tamanho de uma escrivaninha de tampo de correr – utiliza um raio de elétrons em vez de luz para iluminar um espécime e o amplia ao focalizar seu raio com ímãs e não lentes de vidro. Como os elétrons têm comprimento de ondas muito menor do que a luz visível, o ME consegue aumentar muitíssimo mais do que o microscópio a luz, até centenas de milhares de vezes o tamanho original do que é observado. Isso significa que o ME pode deixar ver espécimes muito diminutos, tais como pequenos vírus e fragmentos de proteínas ou do ADN. A visualização pode ser direta numa tela fluorescente como a de televisão – mas normalmente fazendo brilhar apenas uma cor, verde ou laranja – ou fotográfica. Uma vez que a tela é relativamente fosca, o ME precisa ser isolado numa câmara escura. "É uma privação sensorial" – explica Merz. – "Você vê coisas que não estão lá e é por isso que se tiram fotos."

Além de aprender a lidar com o ME, Merz precisou também aprender a tingir. O tingimento de tecidos com o ME é diferente do que se faz com o microscópio a luz. Em vez de *colorir* os espécimes seletivamente, eles são seletivamente *engrossados* através de um revestimento com componentes de metais pesados, como o urânio, que os tornam mais opacos aos elétrons, de forma que podem produzir sombras mais escuras na tela ou no filme. Merz treinou para definir o que esse tingimento revelava.

Ela homogeneizava o tecido cerebral, diluía-o, revestia com ele uma grade de carbono, tingia os resíduos secos e estudava os fragmentos salientes de células, proteínas e ADN rompidos e de refugos não identificáveis. A grade que utilizava era do tamanho de um "o" minúsculo, dividido como uma tela de janela em quatrocentos ou mais fragmentos, e ela observava um só segmento na tela de cada vez. Não obstante, esse minúsculo orifício revelava um mundo de objetos subcelulares: as matérias-primas espalhadas, o maquinário, as paredes rompidas, as lançadeiras, as bombas e produtos acabados da fábrica em miniatura que é uma célula. "Você fica sabendo como é uma membrana celular, como é um núcleo" – diz Merz. "Podem-se estudar fotografias em livros, pode-se estudar uma série de coisas. Porém, quando você lida com fluidos e material de partículas e os tinge, não tem nenhuma diretriz. Você precisa passar muito tempo formulando estruturas sobre o que as coisas são, o que poderiam ser, indagando-se se elas são reais, se são refugos ou sabe-se lá o quê. Somente você e o microscópio, sem nada mais para orientá-lo."

Merz tinha grande facilidade em trabalhar com o ME, mas o aprendizado do trabalho demorou dois anos. Em 1978 ela estava pronta. Na ocasião, colaborava com um colega inglês, Robert Somerville. Outros pesquisadores haviam concluído que era difícil separar o agente do *scrapie* da membrana – a parede externa – das células nervosas e que ele talvez fosse um componente da própria membrana celular. Somerville estava estudando um desses componentes. Merz ofereceu-se para observar as amostras de Somerville no ME. Seria uma incursão aleatória, pois ela não sabia o que ia encontrar.

"Talvez eu visse algo diferente. Eu estava usando um Hitachi 8, um ME muito pequeno." Foi para a câmara escura, acompanhada pelo zumbido de um transformador e a tela verde que brilhava. "Logo na primeira vez que olhei, em fevereiro de 1978, tirei uma porção de fotos. Revelei as cópias e havia *bastões* que eu não vira na tela. Isso mostra como se pode ser cego; é um ótimo exemplo de como se pode ser cego. Não sabíamos o que era aquilo, só aparecia nas amostras de *scrapie*. Robert achava que não significava nada."

Os "bastões" espalhados pelos fragmentos de células nas fotografias de Merz pareciam linhas curtas rompidas e torcidas. Algumas tinham dois filamentos enrolados, outras tinham quatro. Eram quase inconcebivelmente pequenas; para ampliá-las até o comprimento de uma polegada nas fotos, Merz precisou usar um ME mais potente e uma ampliação de 68.400 vezes maior.

Ela agora vivia na câmara escura do ME. Continuou a reparar que os bastões só apareciam nas amostras do *scrapie*. "Apareciam em todas as variedades da doença. Era a primeira vez que acontecia uma coisa assim. Estavam em cada uma das variedades. No decorrer da doença, sua quantidade aumentava. Eu estava observando amostras codificadas, de modo que não sabia se a amostra estava infeccionada ou não, mas conseguia selecionar as amostras contaminadas por causa daqueles bastões e sabia também distinguir a variedade de doença só pela aparência."

Como todo bom cientista, Merz participava de reuniões científicas para discutir seu trabalho e manter-se atualizada em sua área. Começou a mostrar as fotografias de seus bastões onde quer que fosse, perguntando aos colegas o que achavam que aquilo significava. Ela se perguntava especialmente se eles se pareciam com as fibras protéicas reunidas em blocos para fazer placas nas doenças conhecidas como amiloidoses. (Igor Klatzo encontrara placas amilóides nos cérebros das vítimas do kuru que lhe foram enviados por Gajdusek no final da década de 50. As placas amilóides são características do mal de Alzheimer. Amilóides também se produzem no corpo como defesa contra uma grande infecção. Quando os obituários informam que alguém morreu de "complicações", essas complicações costumam ser depósitos mortais de refugos de amilóides, capazes de matar ao entupir órgãos vitais como o fígado ou os rins. Robert Koch, autor dos postulados de Koch, descobriu os amilóides enquanto analisava amostras de tecido no microscópio. Deu esse nome baseado na palavra latina para amido – *amylum* – porque os finos grãos de amilóides lhe lembraram os saibrosos grãos de amido que pontilham a polpa das peras. Os "grãos"que Koch viu em suas amostras de tecido foram com o tempo identificados como extremidades de filamentos de amilóides em corte transversal.) Nenhum dos peritos consultados por Merz achou que os bastões fossem amilóides.

Fossem o que fossem, eram anormais: nunca existiam em cérebros saudáveis, mas sempre apareciam nos cérebros contaminados pelo *scrapie*. Merz e Somerville acabaram relatando sua descoberta numa publicação alemã de patologia e chamaram os bastões de "fibrilas associadas ao *scrapie*". Nesse primeiro relato, Merz insistiu em uma ligação entre as fibrilas e os amilóides, muito embora os peritos discordassem. Escreveu que as duas coisas tinham aparência similar. A prova dos nove dos amilóides é seu brilho verde sob luz polarizada, depois de tingidos com o corante vermelho Congo. Merz relatou claramente que as fibrilas associadas ao *scrapie* falharam nesse teste, mas supôs que a culpa

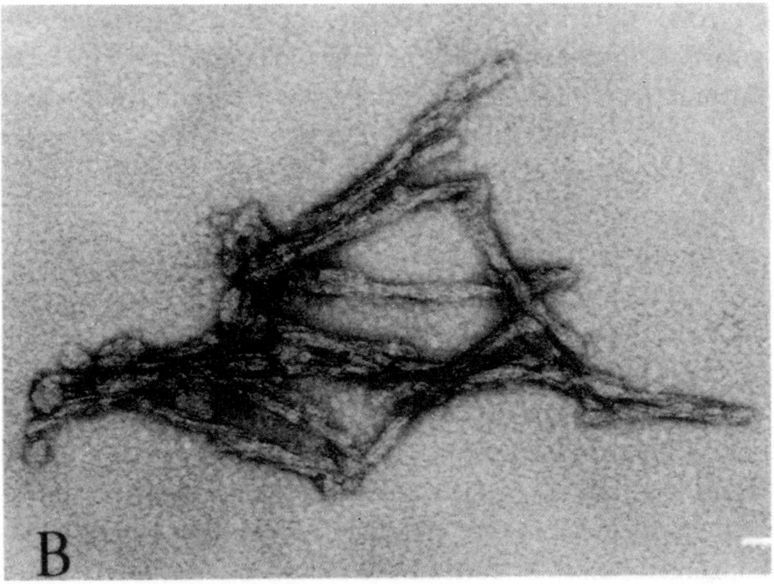

As fibrilas associadas ao *scrapie* descobertas por Patricia Merz.

fosse de suas amostras, "talvez em virtude de seu tamanho relativamente pequeno e de sua baixa concentração".

Merz sabia que havia encontrado algo importante. Planejou minuciosamente uma estratégia que compreendia mais pesquisas e a seguiu. No seu primeiro trabalho com Somerville, estudara cérebros de camundongos e *hamsters* contaminados com o *scrapie*. Agora, colaborava com um casal da Universidade de Yale, os drs. Elias e Laura Manuelidis, que lhe forneceram tecido humano e de cobaias contaminado pela doença de Creutzfeldt-Jakob. Merz preparou e estudou 56 amostras diferentes de tecido, o que representou longos meses de trabalho no laboratório e com o microscópio eletrônico e distinguiu claramente entre amostras contaminadas e controles saudáveis apenas pela presença ou ausência das fibrilas associadas ao *scrapie*.

Antes de infeccionar o cérebro, as encafalopatias espongiformes ficam incubadas no baço, glândula macia de cor púrpura localizada atrás do estômago, no fundo da cavidade abdominal, e que combate infecções ao filtrar do sangue organismos estranhos. Entre as amostras dos Manuelidis fornecidas a Merz havia dúzias de baços contaminados pelo *scrapie* ou pela DCJ. Merz encontrou fibrilas nas amostras de baço contaminadas.

Isso queria dizer que as fibrilas não eram apenas refugos cerebrais, porém algo muito mais significativo. Na época – quase 1980 – ela e o marido, George, tinham dois filhos pequenos. Estava em casa certa noite lavando a louça do jantar quando compreendeu o que as fibrilas poderiam ser. "Em toda a longa história das encefalopatias espongiformes" – contou-me – "ninguém jamais viu o agente dessas doenças. Ninguém tinha idéia de como ele era. Eu estava lavando a louça quando comecei a compreender que as fibrilas associadas ao *scrapie* poderiam ser o próprio agente. Meu estômago se contraiu e acabei vomitando o jantar."

Enquanto Merz descobria as fibrilas, outro pesquisador decidido "fechava o cerco" ao agente do *scrapie* por outras vias. O bioquímico Stanley Prusiner era neurologista-residente da Faculdade de Medicina de São Francisco, da Universidade da Califórnia, quando perdeu um paciente contaminado pela doença de Creutzfeldt-Jakob em 1972. A doença o intrigou. "Comecei a ler sobre o *scrapie*" – disse há vários anos esse cientista, nascido em Cincinnati, ao repórter científico Gary Taubes. – "e ficou claro para mim que era um problema maravilhoso para um químico. Já fora estudado por patologistas, médicos e veterinários. Os que tentaram desvendar a química da doença não foram cautelosos em seus enfoques. Montei um laboratório aqui. Obtive pequena verba do departamento de neurologia."

Prusiner estava então com 29 anos. Era um homem elegante e bem-apessoado, de queixo vigoroso, sobrancelhas proeminentes e bastos cabelos escuros cacheados. Toda pesquisa que exija vários animais de laboratório custa caro. Com incrível audácia, Prusiner solicitou ao INH vultoso subsídio para pesquisas sobre o *scrapie*. Recorda-se que lhe perguntaram: "Mas quem é você?" Recomendaram-lhe treinamento em virologia e experiência em trabalho com aquela doença e recusaram seu pedido.

Os colegas de Prusiner afirmam jamais haver conhecido alguém que disputasse um prêmio Nobel de forma tão incansável. E lembravam a decisão de Prusiner de estudar virologia num laboratório na Suécia, de onde se origina o ambicionado laurel. Após o treinamento em virologia, Prusiner se mudou para o Laboratório nas Montanhas Rochosas, para colaborar com Bill Hadlow. Esperando isolar o agente do *scrapie*, eles trabalharam com camundongos, o que produziu resultados mais rápidos do que com cabras. Mas esperar a morte de sucessivas gerações de camundongos ensinou a Prusiner o que seus antecessores já haviam aprendido: que o progresso utilizando métodos tradicionais só era mensurável em sucessivas gerações de pesquisadores da doença. Prusiner e Hadlow pesquisaram dez mil camundongos até que Joe Gibbs lhes cortou a verba em 1978. Ele diz ter agido assim para obrigar os dois cientistas a divulgar os resultados obtidos.

Prusiner voltou à Faculdade de Medicina de São Francisco, onde começara. Tomando emprestado uma técnica desenvolvida pelos ingleses na década de 60, ele concebeu um meio mais rápido de avaliar o poder infeccioso do *scrapie*: usou *hamsters*, que incubavam a doença duas vezes mais depressa que os camundongos, e anotou suas medidas no surgimento dos sintomas e não quando morriam. Calcula que o novo sistema acelerou o trabalho "em cem por cento, pois em vez de observar sessenta animais durante um ano, podemos avaliar uma amostra com somente quatro animais em sessenta dias". Nos vários anos seguintes, disse ele a Taubes, "realizamos mais experimentos sobre a bioquímica do *scrapie* do que todos os outros pesquisadores juntos na história da doença.

Mais cedo ou mais tarde, todos os caminhos na pesquisa das EETs levavam a Carleton Gajdusek. Pat Merz começou a trabalhar com Gajdusek e Gibbs no final da década de 70. Gajdusek continuou a dividir seu tempo entre os Estados Unidos e a Nova Guiné, e em 1978 e novamente em 1980 Prusiner fez uma romaria à Serra Oriental para acrescentar o kuru a suas preocupações. Durante a visita de 1978, o pesquisador de São Francisco realizou estudos clínicos em quinze pacientes com o kuru, em colaboração com Gajdusek e Mike Alpers. Alpers diz que "Prusiner não gostava muito de andar. Tivemos que deixá-lo para trás numa de nossas patrulhas e voltar para pegá-lo no dia seguinte". Alpers é das poucas pessoas que trabalharam com Prusiner que se lembra dele com afeto. Os dois homens colaboraram posteriormente num estudo sobre canibalismo entre *hamsters*, alimentando-os com cabeças de *hamsters* contaminadas pelo *scrapie* e supervisionando a infecção resultante. A transmissão oral da doença provou ser "extremamente ineficiente", pois exigia uma dose de tecido contaminado cem milhões de vezes maior do que a inoculação direta no cérebro.

As habilidades andarilhas de Prusiner não eram melhores quando fez sua segunda visita, recorda Gajdusek. "Prusiner foi me visitar em 1980 em Agakamatasa, o povoado onde eu morava. Nós o arrastamos pelas montanhas. Ele chegou quase morto e ficou duas noites na minha cabana de sapê.

Naquela ocasião estávamos sempre 'batendo papo', discutindo o futuro do kuru e da DCJ e o trabalho sobre o *scrapie*."

Nessa ocasião, Gajdusek e Prusiner haviam concluído que o agente do *scrapie* não continha ácido nucléico. Chegaram a essa conclusão revolucionária pelas mesmas razões – porque os agentes químicos e os processos que destruíam o ácido nucléico mantinham o *scrapie* com sua total capacidade de contaminação, mas os agentes químicos e os processos que destruíam as proteínas reduziam ou evitavam a infecção – mas Gajdusek, ousado explorador, chegara antes a essa conclusão. Quando Prusiner visitou a Nova Guiné em 1980, estava no processo de repetir todos os clássicos desafios do agente do *scrapie* empregando amostras enriquecidas que davam resultados menos ambíguos do que os de estudos anteriores. Durante suas discussões em Agakamatasa, diz Gajdusek, "eu lhe enfatizei que daria aos agentes da doença um nome adequado quando estivéssemos certos de sua estrutura molecular. Repeti isso várias vezes, e lhe expliquei que era prematuro nomeá-los na ocasião porque, embora soubéssemos que não continham ácido nucléico, não estávamos seguros quanto à sua natureza bioquímica. Não me dei conta de que o Stan não me daria a prerrogativa de batizar os agentes quando as informações apropriadas estivessem à mão. Foi uma jogada política inteligente a dele em se antecipar".

A posse é meio caminho para a propriedade. Prusiner voltou para casa, terminou suas investigações sobre o *scrapie*, decidiu que conhecia o suficiente sobre a bioquímica do seu agente e impetuosamente escreveu um artigo propondo um nome. A revista americana *Science* publicou a matéria em abril de 1982, com o título "Novas Partículas Protéicas Infecciosas Causam *Scrapie*". Prusiner tornou-se o único autor, depois que um colaborador retirou sua participação ao achar que a matéria exagerava as comprovações. Prusiner anunciou que "seis cursos separados e distintos de provas demonstram que o agente da doença contém uma proteína necessária à infecção". Em seguida, como Jeová, batizou o agente:

> Em lugar de termos como "vírus não convencional" ou "raro agente semelhante a um vírus lento", sugere-se o termo "prion". Os prions são pequenas partículas protéicas infecciosas que resistem à inativação pela maioria dos métodos que modificam os ácidos nucléicos. O termo "prion" acentua a necessidade de uma proteína para que haja infecção...

Ao se precipitar, porém, Prusiner se expôs a um risco devastador. Se o agente do *scrapie* era mesmo uma proteína infecciosa desprovida de ácido nucléico, como ele e Gajdusek acreditavam, o nome que ele propunha faria sentido. Porém, se com o tempo se comprovasse que o agente continha ácido nucléico, seria apenas mais um vírus, lento ou não convencional, e Prusiner estaria errado. Suposições equivocadas não conquistavam o prêmio Nobel. Assim, o ambicioso neurologista acrescentou uma barreira a seu artigo na *Science*. "Ele criou muito mais barreiras do que eu, no início da década de 80" – afirma Gajdusek. À sua definição de "prion" Prusiner acrescentou uma ressalva: "Nosso conhecimento atual não permite a exclusão de um reduzido ácido nucléico no interior da partícula." E prosseguiu discutindo dois possíveis modelos: "um limitado ácido nucléico cercado por compacto revestimento protéico" ou "uma proteína destituída de ácido nucléico, isto é, uma proteína infecciosa".

Gajdusek diz que havia desistido da hipótese de ácido nucléico "há muito tempo". Estava sabiamente esperando que as provas confirmassem suas suposições. Com um Nobel já garantido, podia se dar esse luxo. Evidentemente, Prusiner achava que ele mesmo não podia. Ao ler o artigo na *Science*, os cientistas ingleses reagiram, compreensivelmente, de modo hostil à apropriação antecipada de Prusiner. Alan Dickinson criticou-o ironicamente num editorial da *Lancet*, invocando a era pré-ADN, quando "se supunha geralmente que os vírus eram protéicos, o que hoje se costuma considerar o tipo de meia-verdade que põe a carroça adiante dos bois..." O geneticista de Edimburgo lembrou a Prusiner que a prova de variedades diversas e até competidoras era o âmago do problema: o ácido nucléico podia facilmente selecionar informações, mas uma proteína não tinha mecanismo conhecido para fazer isso. Dickinson conta que mais tarde, ao conhecer o americano, este teve a ousadia de dizer-lhe que não acreditava na existência das variedades. Se Prusiner acreditava nelas ou não, o fato é que as abordou no artigo para a *Science*, conjeturando que genes múltiplos codificados para proteínas diferentes poderiam justificar as inúmeras variedades. Isso implicava fantasticamente que poderia haver não um prion, mas toda uma falange de prions causadores do *scrapie*; seriam "proteínas diferentes, com as mesmas atividades biológicas", nas palavras de Prusiner.

A investida de Stanley Prusiner sobre as variedades irritou especialmente Alan Dickinson porque ele fora o pioneiro desses estudos. Em 1983, com seu colega G.W. Outram, havia também proposto uma alternativa engenhosa mas plausível para ambas as teorias de proteínas viróticas e infecciosas. Cientistas botânicos descobriram há décadas que certas doenças eram transmitidas de planta a planta por pequenas extensões do ADN de uma planta desfolhada. Eles denominaram esses agentes incomuns de "viróides".

Dickinson me explicou em Edimburgo que um exemplo típico é uma doença de cocos chamada kadunkadunk que os colhedores de coco espalham inadvertidamente com os calçados especiais, cheios de cravos, que usam para se firmar nos troncos dos coqueiros e cutucar os cocos. Dickinson e Outram supunham que o agente das EETs pudesse ser uma forma semelhante, isto é, um fragmento de ácido nucléico exposto que se apossa de uma proteína-hospedeira e utiliza seu equipamento para reproduzir-se.

Ao buscar um nome, Dickinson lembrou-se de Enrico Fermi, o grande físico italiano do século XX, que denominara uma pequena partícula nuclear com algumas características semelhantes ao nêutron de "neutrino", ou seja, um nêutron bebê. Assim, Dickinson chamou seu hipotético pequeno vírus de "virino". Recorda-se da espirituosa definição informal do seu virino concebida por Peter Medawar: "É uma notícia ruim abrigada em segurança na proteína de uma outra pessoa". O virino, se é que existia, forneceria alguns dos elementos que faltavam na história do agente das EETs. Ele explicaria, por exemplo, por que parecia ser necessária uma proteína para haver infecção. Não existe nenhum mecanismo conhecido pelo qual uma proteína possa se transformar, mas ao propiciar uma transferência de ácido nucléico, *capaz* de se transformar, o virino também explicaria a existência das variedades. O neutrino de Fermi era enganoso. O físico italiano criou-o em 1933 para justificar pequena porção de energia nuclear que faltava após uma reação nuclear. Entretanto, era uma partícula tão indefinível – capaz de passar com facilidade pela terra sem deixar traço – que só foi realmente identificada em 1956. Ninguém ainda conseguiu identificar um virino.

A bravata de Prusiner, por mais grosseira que fosse, era uma forma de jogo, um jogo que ele ganharia se suas pesquisas compensassem. As compensações produziram-se rapidamente a partir de seu laboratório de São Francisco nos meses e anos seguintes. Em dezembro de 1982, Prusiner e dois de seus colegas relataram haver purificado uma proteína de cérebros de *hamsters* contaminados pelo *scrapie* que parecia dar a pista de infecção: quanto mais infeccionado o tecido, mais proteína encontravam. Um ano depois notificaram que sua proteína purificada, hoje chamada PrP (de *P*roteína de *P*rion), assumira a aparência de "partículas em forma de bastões" que se tingiam como amilóides. Chamaram-nas posteriormente de bastões de amilóides. (Mais tarde, Prusiner apelidou-as de bastões de prions.) "Cada bastão" – escreveram – "pode conter até 1.000 mo-léculas de PrP. Nossas conclusões levantam a possibilidade de que as placas amilóides observadas nas doenças neurológicas degenerativas transmissíveis possam consistir em prions."

Os bastões eram, evidentemente, as fibrilas de Pat Merz. Com amostras mais simples, Prusiner conseguira tingi-los de vermelho Congo. Ele teimosamente negou – e nega até hoje – que as fibrilas associadas ao *scrapie* e seus bastões de prions sejam absolutamente a mesma coisa, mas um artigo publicado por um grupo alemão no mesmo mês da matéria de Prusiner sobre os bastões amilóides determinou sua equivalência.

O grupo alemão, trabalhando com a mesma linhagem de *hamsters* aprovada por Prusiner, usou as técnicas de purificação do cientista para concentrar o agente do *scrapie*s, encontrou no concentrado fibrilas associadas à doença, e chegou às fibrilas pela infecção, da mesma forma que ele havia localizado seus bastões amilóides. Merz concluiu o trabalho alguns anos depois ao cotejar as fibrilas com anticorpos e PrP. As fibrilas e os bastões amilóides reagiram identicamente ao desafio dos anticorpos. Isso significava que o crédito pela descoberta do que poderia ser o agente das doenças EETs pertence por justiça a Merz, não a Prusiner.

Em 1984, Merz, Gajdusek, Gibbs e vários colegas finalmente conseguiram divulgar a importante conclusão de Merz sobre a presença de fibrilas associadas ao *scrapie* no baço de camundongos – descoberta que a fizera vomitar o jantar. Também relataram haver encontrado essas fibrilas em cérebros afetados pelo kuru e a DCJ, mas não as localizaram em cérebros lesionados pelos males de Alzheimer ou Parkinson e ALS. Essas investigações justificaram ousada reivindicação: a de que as fibrilas eram "uma característica específica das doenças 'não convencionais' de vírus lentos e talvez até seu próprio agente". A presença dessas fibrilas em amostras de tecidos passou desde então a ser o teste definitivo para a encefalopatia espongiforme.

Nesse meio tempo, Prusiner expandiu o conhecimento sobre a estrutura de PrP. Em 1984, demonstrou que a PrP era pelo menos um *componente* do agente do *scrapie* ou talvez o próprio agente, mas não estava aparentemente presente em cérebros normais. Isso é o que se esperava de um agente de doença, mas Prusiner não confiava o suficiente em seu método de detecção para dar continuidade a essa reivindicação. E foi sensato o bastante para não fazê-lo. Em um ano, ele e o dr. Charles Weissmann, vigoroso e ativo pesquisador suíço, decodificaram quimicamente a molécula de PrP e utilizaram a seqüência dessa proteína para localizar a do ADN correspondente numa biblioteca de genes. Os dois homens não se surpreenderam quando o gene da PrP apareceu nas células de *hamsters* contaminados pelo *scrapie*, mas ficaram, sim, espantados quando esse gene foi observado nas células de *hasmters* normais e de seres humanos normais.

Em seguida, Prusiner e Weissmann demonstraram que as duas formas, a normal e a enferma, tinham códigos idênticos de ADN. Como era possível uma proteína normal e uma doente partilharem as mesmas especificações? Procuraram então as outras diferenças. Encontraram apenas uma, mas importante: a PrP normal era facilmente decomposta por uma enzima que digere proteínas, ao passo que a PrP anormal resistia à digestão. A forma de uma proteína geralmente determina sua resistência à atividade enzimática. Entretanto, uma proteína só assume forma *depois* de montada em cadeia, *depois* que o ADN que a especifica é copiado.

Isso parecia significar que o cérebro fazia PrPs normais, mas essas PrP normais às vezes adquiriam uma forma doente *depois* de criadas. Isso explicaria uma das características mais estranhas das encefalopatias espongiformes, a característica que havia levado Gajdusek durante anos a erroneamente desconfiar que o kuru era genético: o fato de que o agente da doença invasora não estimulava nenhum tipo de reação em suas vítimas. O sistema imunológico reconhece e ataca as proteínas estranhas a ele. Deixa suas próprias proteínas sozinhas – e a PrP, normal ou anormal, era uma proteína-hospedeira.

Porém, o que causava a transformação da PrP normal da vítima em potencial em uma forma doente? Essa pergunta evidencia que o mistério sobre a natureza do agente do *scrapie* permanecia sem solução. Uma resposta possível: um vírus ou virino causava a alteração. Isso faria da formação de PrPs anormais apenas mais um exemplo de amiloidose, como a formação de amilóides que ocasionalmente se segue a infecções como a tuberculose. Uma causa virótica talvez explicasse o problema das variedades, pois as mutações do ADN do vírus ou virino poderiam justificar as diferenças. Ninguém ainda encontrara um vírus ou virino associado às EETs, mas não encontrar um ou outro não significava que ele não existia.

Prusiner acreditava que os prions provocavam a alteração: a inoculação com PrP anormal fazia de algum modo com que a PrP normal se redesenhasse e adquirisse a forma doente. Ninguém sabia para que as células criavam a PrP, mas sabia-se que as células produziam a PrP continuamente. Se a PrP mudasse de forma, as células presumivelmente criariam a forma doente e não a normal. Isso explicaria por que a quantidade de agente infeccioso era capaz de aumentar sem reproduzir o ácido nucléico.* Contudo, havia pelo menos vinte variedades diferentes do agente do *scrapie*; como poderiam existir vinte espécies distintas de prion? E dado que muitas outras células do corpo além das células nervosas criam a PrP, por que as infecções por prion só devastavam as células nervosas?

No final da década de 80, todos os que se dedicavam às pesquisas sobre EETs estavam frustrados. Apesar de anos de trabalho, havia obviamente mais a aprender. Alguns continuariam a procurar um vírus ou um virino. Outros tentariam inventar um experimento que comprovasse definitivamente se o agente infeccioso era apenas protéico. Carleton Gajdusek redefiniria uma teoria nova e radical. A sensação geral de descontentamento chegou a Lewis Thomas, o eminente físico americano que era também um popular ensaísta. Num de seus livros mais vendidos, *Late Nice Thoughts on Listening to Mahler's Ninth Simphony,* Thomas declarou que o agente do *scrapie* "era a coisa mais estranha em toda a bio-

* Se esta teoria se assemelha à Segunda Modalidade de Griffith, provavelmente era a própria. Por outro lado, segundo Carleton Gajdusek gosta de dizer, citando seu mentor Linus Pauling, idéias são o excremento dos cérebros criativos, produzidas continuamente por todas as pessoas criativas. O crédito de uma idéia não costuma ser atribuído a quem a concebeu, mas a quem sabe trabalhar sua realidade no mundo.

logia e, até que alguém de um laboratório consiga defini-la, esse agente é candidato ao título de 'Prodígio Moderno'".

Se os riscos científicos eram altos, logo os riscos humanos seriam maiores ainda. Mesmo enquanto Merz, Prusiner, Gajdusek, Weissman, Dickinson e um número cada vez maior de jovens pesquisadores se dedicavam ao problema com as novas e potentes ferramentas da biologia molecular, uma apavorante nova forma da doença se insinuava na previsão de alimentos do homem, onde desencadearia uma enorme epidemia.

Parte Três

Deus Disfarçado de Vírus

11
A Carne Volta a Atacar

Grã-Bretanha, 1985-1995

A PRAGA QUE ATACOU os canibais fores na Nova Guiné contaminou o gado inglês em abril de 1985. O dr. Colin Whitaker, corpulento veterinário inglês de mãos grandes e desgrenhada cabeleira negra, atendeu ao primeiro caso conhecido. Whitaker mora em Kent, o condado de campos de lúpulo e granjas de laticínios, no sudeste da Inglaterra, que inclui Canterbury e Dover. Ele classifica a praga de gado que irrompeu na ocasião como "uma história de horror".

Por lidarem com suas vacas duas vezes por dia para ordenhá-las, os fazendeiros as conhecem bem. Sabem que são animais grandes, de olhos mansos, temperamento calmo e úberes que se assemelham a tímbales macios. "Era 25 de abril de 1985" – relembra o veterinário – "quando um dos meus clientes granjeiros telefonou para dizer que uma de suas vacas estava agindo de modo estranho e me pediu para ir dar uma olhada." Whitaker foi de carro à fazenda Plurenden Manor, na periferia de Ashford, região central de Kent, onde seu cliente tinha um rebanho de trezentas vacas leiteiras Holsteins, animais malhados em preto e branco, de ossos largos. Tratava-se de valiosa raça leiteira originária do norte da Alemanha, introduzida comercialmente na Inglaterra no final do século XIX. Uma das vacas de Plurenden Manor estava doente. "Quando a pessoa se aproximava" – lembra Whitaker, – "ela se afastava. Sempre fora uma vaca tranqüila, mas começava a se mostrar agressiva e muito nervosa, batendo em outras vacas e golpeando-as, e era cada vez mais perigoso lidar com ela. Ao mesmo tempo, o animal começou a demonstrar muita falta de coordenação. Se você a enxotava, ela cambaleava, especialmente nas patas traseiras, caía e se esforçava desordenadamente para aprumar-se."

Whitaker examinou o animal doente e diagnosticou cistos ovarianos, causa comum de comportamento agressivo e ninfomania nas vacas. Teve êxito no tratamento, mas várias semanas depois a vaca começou a tropeçar e cambalear cada vez mais. O veterinário considerou outras possíveis hipóteses, como carência de magnésio na alimentação do animal, e a tratou disso, mas não houve qualquer melhora. "Ela acabou ficando prostrada, foi abatida e levada para o 'depósito comercial' (termo inglês tradicional para uma fábrica de processamento de carne, instalação onde animais mortos e carcaças de animais doentes são processados e se transformam em produtos comerciais como farinha de carne e de ossos)."

Mais sete vacas adoeceram e ficaram prostradas em Plurenden Manor nos dezoito meses seguintes. Em 1986, mais três rebanhos haviam sido identificados com os mesmos sintomas em cada um dos três condados da longínqua região sudoeste da Inglaterra: Cornualha, Devon e Somerset. A indústria leiteira logo tomou conhecimento do problema.

Proprietários de granjas e veterinários particulares como Colin Whitaker alertaram o Serviço de Veterinária do Ministério da Agricultura, Pesca e Alimentos. Como as epidemias se desencadeiam como um caso isolado em certo local – um primeiro foco de infecção –, a distribuição do surto em condados muito distantes entre si era surpreendente, porque os rebanhos em questão ficavam confinados, não tinham qualquer contato com gado de outros locais do país nem com gado importado. Como a doença se teria deslocado de um lado da Inglaterra para outro?

O Laboratório Veterinário Central do governo, em Surrey, perto de Londres, começou a investigar. Os sintomas não se assemelhavam aos de nenhuma doença de gado conhecida. O laboratório tinha dificuldade em adquirir cérebros bem conservados das vacas sob suspeita, mas no final de 1986 seus pesquisadores conseguiram demonstrar ao microscópio os danos espongiformes e as estrelas castanhas da astrogliose. Os cientistas-veterinários que conduziam o estudo contataram Pat Merz na Ilha Staten, em Nova York, para se aconselhar sobre o preparo de amostras que revelassem as fibrilas associadas ao *scrapie*. No único cérebro fresco homogeneizado disponível à época, no verão de 1987, encontraram as fibrilas. Publicaram um primeiro e breve relato na revista inglesa *Veterinary Record*, em outubro, denominando a nova doença do gado de "encefalopatia espongiforme bovina "(EEB), embora grandes placas amilóides fossem mais características da doença do que os danos espongiformes. Em pouco tempo a mídia apelidaria o novo mal de maneira mais sensacionalista – "mal da vaca louca" – em razão do comportamento nervoso e agressivo que ele provocava em animais habitualmente tranqüilos. Caricaturas de vacas malhadas cambaleantes e "birutas" tornaram-se matéria-prima dos cartunistas ingleses. Redatores de manchetes parafrasearam à exaustão a peça de Noël Coward *Mad dogs and Englishmen* (Os cães loucos e os ingleses) para *Mad Cows and Englishmen* (As vacas loucas e os ingleses). A doença, porém, não era caso de riso.

Ao final de 1987, a EEB estava disseminada nos rebanhos da Inglaterra e do País de Gales, com 420 casos confirmados, mas não chegara ainda à Escócia. De modo sinistro, os casos aumentavam todo mês, o que foi suficiente para prever que o número de animais duplicaria anualmente; era um crescimento exponencial, uma reação em cadeia da doença fatal. Epidemiologistas liderados pelo dr. John Wilesmith, do Laboratório Central de Veterinária, começaram a viajar em maio de 1987 para coletar minuciosas informações sobre duzentos casos. Em dezembro esse número foi alcançado e as informações sobre a EEB seriam consolidadas num banco de dados computadorizado. A partir daí, os epidemiologistas buscaram as causas. Uma pista importante era o fato de a EEB ter irrompido mais ou menos ao mesmo tempo em vários pontos da Inglaterra. *Todos* os primeiros casos de EEB comprovaram ser casos de índex, ou seja, os primeiros dos rebanhos, o que sugeria uma infecção originada de uma fonte comum. Que teriam em comum duzentas vacas de todas as regiões da Inglaterra e do País de Gales? Os epidemiologistas concluíram que não se tratava de nenhum elemento veterinário ou químico. Não era tampouco genético: a doença afetava várias raças distintas. A EEB não poderia ter sido importada para os rebanhos, porque muitos deles eram confinados. O *scrapie* era uma possibilidade óbvia, mas não havia muitas fazendas de gado bovino que também criassem carneiros. Então como o gado teria sido contaminado pela infecção? Nem todos os rebanhos tinham contato com a vida agreste, de modo que era improvável que veados, por exemplo, tivessem transmitido a doença. Nem todos os rebanhos haviam recebido as várias vacinas novas disponíveis durante o período de vida dos animais afetados, o que excluía um elemento de contágio semelhante ao agente do *scrapie* que porventura tenha-se infiltrado clandestinamente na vacina de Bill Gordon contra a doença do pulo.

A eliminação dessas outras fontes potenciais comuns deixou apenas um foco provável: a contaminação por alimento. O fato de que a EEB ocorria com muito maior freqüência nos rebanhos leiteiros do que nos de corte era um indício correlativo. Que produto alimentício era dado diariamente ao gado leiteiro mas não de corte? Um elemento em particular batia com essa restrição: proteínas complementares sob a forma de farinha de carne e de ossos.

O gado de corte é alimentado com capim ou feno durante o processo de crescimento e depois engordado com grãos. Por outro lado, para a produção de leite uma vaca leiteira necessita de uma dieta enriquecida. Uma boa vaca Holstein produz cerca de 4.700 litros de leite por lactação, entre quinze e vinte litros por dia; produzir tantas proteínas requer uma dieta altamente protéica. Os donos das granjas leiteiras alimentam suas vacas com feno e grãos de alta qualidade, mas somente feno e grãos não bastam para manter a produção elevada de leite. Portanto, de modo informal durante séculos mas sistemática e comercialmente a partir da Segunda Guerra Mundial, os proprietários de granjas leiteiras têm enriquecido as rações das vacas leiteiras com duas quantidades diárias de um complemento protéico. A farinha de soja é um nutritivo complemento vegetal. Infelizmente, a Inglaterra não cultiva muita soja. Uma fonte alternativa de complemento protéico na Inglaterra e em muitos outros países, inclusive os Estados Unidos, é a farinha de carne e ossos dos "depósitos comerciais": os restos moídos, cozidos e secos de animais mortos, incluindo gado bovino prostrado ou morto e carneiros mortos por doenças não diagnosticadas. O gado bovino (e carneiros, porcos e galinhas) é assim transformado em canibal, no interesse do leite e da carne mais baratos.

Gado de corte às vezes é alimentado com farinha de carne e ossos na fase terminal. Os bezerros recebem farinha de carne e ossos para acelerar o crescimento. As vacas leiteiras são abatidas para aproveitamento da carne quando sua produção de leite diminui após três ou quatro gestações e, como sua carne é mais rija que a dos bezerros, a maior parte dela é moída e vira hambúrguer ou é picada para recheio dos pastelões de carne, alimento básico dos ingleses. Os miolos do gado também se transformam em hambúrgueres. E uma vez que apenas as vacas dão leite, os jovens touros são abatidos para se conseguir carne de vitela. Proteína animal de alta qualidade é artigo relativamente raro no mundo, portanto não surpreende que todas as partes da carne do gado de corte ou leiteiro sejam comidas, recicladas para a próxima geração de animais ou processadas industrialmente em produtos comerciais. "Os senhores acabam de jantar" – recordou certa vez Ralph Waldo Emerson a uma platéia da Nova Inglaterra sobre as conseqüências filosóficas do gosto humano por carne – "e, por mais escrupulosa e confortável que seja a distância que oculta o abatedouro, há cumplicidade, há raças caras – que vivem à custa de outras..." Hoje não diríamos "raças", diríamos "espécies" – espécies que vivem à custa de outras. Só que, por vezes, a carne cobra seu preço.

Quando se revelou que a doença que estava dizimando o gado inglês era uma encefalopatia espongiforme, as proteínas animais contaminadas figuram como fonte óbvia.

Joe Gibbs, Carleton Gajdusek e seus colegas do INH notificaram transmissões orais vitoriosas de kuru, DCJ e *scrapie* a macacos-aranhas com alimentação não forçada de tecido cerebral em 1980. Em 1985, Stanley Prusiner e Mike Alpers demonstraram a transmissão oral por canibalismo em *hamsters*. Ocorre que há décadas a farinha de carne e ossos era dada ao gado na Inglaterra e no mundo inteiro, sem transmitir a EEB. Mudara alguma coisa?

Para descobrir, Wilesmith e seus epidemiologistas providenciaram para que três veterinários do governo que conheciam a indústria de processamento de carne fizessem um levantamento de todas as fábricas de processamento de carne da Inglaterra. Para suprir os veterinários com um ponto de partida para uma possível alteração nas normas de serviços, os epidemiologistas precisavam saber quando o primeiro rebanho inglês fora contaminado pela EEB. Observaram as idades diferentes, na ocasião do aparecimento dos primeiros sintomas, dos duzentos animais que estavam analisando. Fazendo uma retrospectiva, calcularam que a doença começou súbita e simultaneamente em várias partes do país no inverno de 1981-1982. Essa hipótese – de que a EEB contaminou primeiro os bezerros e tinha período de incubação de quatro a cinco anos – tem resistido ao teste do tempo.

Os três veterinários realizaram seu levantamento no outono de 1988. As fábricas de processamento de carne são as expressões mais sangrentas do espírito de reciclagem: são infernos de vapor, sangue, sebo e fedor. Em 1988 existiam 46 dessas indústrias funcionando na Inglaterra, das quais 39 mantinham registros úteis. Ao picar, moer, cozinhar e dissolver em escala gigantesca, elas produziam sebo – gordura de carne bovina derretida e coada – e o que os ingleses chamam de *greaves*. O Dicionário Oxford de Inglês define *greaves* como "matéria ou pele fibrosa encontrada na gordura animal, que forma um sedimento ao ser derretida e é comprimida em tortas para servir de carne para cães ou porcos, como iscas para peixes etc.; refugo de sebo; torresmo".

Modernamente, esse "torresmo" é produzido em vasilhas de aço inoxidável sob vapor, com os diversos materiais entregues à indústria de processamento de carne pelos abatedouros, pelas fábricas de desossamento, pelos açougues e pelas fazendas: aparas de gordura, ossos, miúdos (tripas, cabeças, rabos, sangue, ou seja, os "dejetos" dos abatedouros, magarefes e dos depósitos comerciais), carcaças de bovinos, carneiros e porcos e até penas de aves domésticas. Em 1988, tudo isso totalizou cerca de 1,3 milhão de toneladas, ou seja, quase 1,5 bilhão de quilos.

Algumas fábricas processavam ainda mais esses restos, que viravam farinha de carne e ossos, que é um pó da cor de casca de ferida (às vezes comprimido em pelotas) com um cheiro salgado e acre, sangrento e fecal. Empregavam vários sistemas de processamento, às vezes por lotes, outras vezes contínuos. Um sistema americano para derreter e coar continuamente, que era mais barato do que o sistema por lotes, dominava o mercado; o sistema americano derretia e coava os refugos a temperaturas mais baixas que os processos que estava substituindo. Foi uma alteração significativa no processamento da farinha de carne e ossos descoberta pelos veterinários pesquisadores.

Outra mudança foi o abandono da extração por solventes. O sebo extraído é mais valioso do que a farinha de carne e ossos, e reduzir o teor de gordura da farinha a menos de 5 por cento amplia a vida material da carcaça, por isso os solventes inflamáveis que dissolviam gordura foram usados por muitos anos para melhorar a retirada do sebo. Entretanto, em 1974 uma explosão numa fábrica inglesa de elementos químicos havia levado à introdução de novos e rígidos padrões para uso de solventes e, em vez de investir em maquinaria nova e cara, a indústria de processamento de carnes decidiu praticamente renunciar à extração por solventes. A proporção da farinha de carne e ossos produzida que utilizava a extração por solventes caiu de 50 para apenas 10 por cento entre 1981 e 1982, enquanto o teor de gordura produzido sem o recurso dos solventes subiu de menos de 5 por cento para cerca de 12 por cento.

A gordura protege os microorganismos do calor. Os epidemiologistas concluíram que a combinação do processamento a temperatura inferior e o fim da extração com solventes protegeu o resistente agente da EEB contra a inativação e, desse modo, disseminou a doença, da mesma forma que a DCJ se espalhara no hormônio contaminado do crescimento humano e o kuru em cérebros humanos malcozidos. A farinha de carne e ossos é geralmente produzida e distribuída em âmbito local; quando os epidemiologistas souberam que as duas únicas fábricas que continuavam a empregar a extração com solventes ficavam na Escócia e produziam a maior parte da farinha de carne e ossos da região, usaram a diferença para confirmar sua teoria: a Escócia fora a última área do país a notificar o surgimento de casos de EEB.

O governo inglês não esperou a conclusão do estudo epidemiológico de Wilesmith para ocupar-se da epidemia, embora depois fosse atacado por agir muito lentamente. Na primavera de 1988, o governo formou uma comissão presidida por um zoólogo de Oxford, Sir Richard Southwood, para estudar o problema e recomendar uma ação governamental. A comissão imediatamente recomendou que fosse proibido alimentar ruminantes (no caso, gado bovino e ovino) com proteínas derivadas de ruminantes; em julho, o governo acatou essa decisão.

Subjacente à proibição estava a hipótese de que a EEB fosse o *scrapie*, não apanhado diretamente nas fazendas, mas transmitido ao gado por meio de refugos de carneiros contaminados incorporados à farinha de carne e ossos por processamento inadequado.

Se a EEB não era o *scrapie*, argumentaram os cientistas britânicos, o que era então? Nenhuma doença natural semelhante de gado fora verificada antes do surgimento em Plurenden Manor, pelo menos não oficialmente. Na verdade, havia outras possibilidades, que seriam com o tempo discutidas entre os cientistas, se não oficialmente reconhecidas. Entretanto, a suposição de que fosse o *scrapie* era a "hipótese básica" do Laboratório Central de Veterinária, de acordo com Wilesmith. Tragicamente, supor que a EEB se originasse do *scrapie* predispôs as autoridades inglesas a também supor que era improvável a doença se alastrar aos seres humanos por meio de carne contaminada pela EEB, porque o *scrapie* não se disseminara entre os homens apesar de por centenas de anos eles comerem carne de cordeiro e carneiro contaminada pela doença.

As autoridades britânicas concluíram que por mais custosa que a EEB pudesse ser para a indústria da pecuária, o risco de que ela infeccionasse os seres humanos era nulo. Assim, a primeira proibição imposta pelo governo, a das proteínas derivadas de ruminantes, destinava-se a proteger animais (embora na verdade não tenha sido adequadamente controlada durante anos). A interdição claramente *não* protegia o homem.

Um mês após a proibição das proteínas derivadas de ruminantes, os fazendeiros foram impedidos de comercializar gado obviamente atacado pela EEB. Essa restrição, porém, não se estendeu aos animais de rebanhos contaminados pela EEB, que poderiam estar incubando a doença sem ainda demonstrar nenhum sintoma. Mais um ano se passou antes que mesmo as partes desses animais que se julgava mais prováveis de estarem infeccionadas – " certos miúdos de bovinos", como foram oficialmente chamadas, quer dizer, miolos, tutano, baço, timo, intestinos e amígdalas – fossem excluídas da provisão alimentar humana.

O governo britânico não compensou adequadamente por suas perdas os fazendeiros e processadores industriais. O dr. Hugh Fraser, homem alto, corado, educado em Cambridge e colega de Alan Dickinson na Unidade Médica do Conselho de Pesquisas de Europatogênese de Edimburgo, lembra-se de ter ficado aborrecido com a atitude do governo – "e olhe que não me aborreço facilmente" – e afirma:

> O verdadeiro culpado é o Tesouro inglês. O Tesouro poderia ter resolvido esse maldito problema oferecendo indenização adequada, recomprando a farinha de carne e ossos que as autoridades decidiram proibir. Quando baixaram a proibição, não ofereceram qualquer recompensa financeira a quem ficou sem dinheiro pela perda da farinha. Algumas pessoas haviam gastado dezenas de milhares de libras para adquirir o produto. Não só o fazendeiro, mas o moleiro, o sujeito que faz o concentrado de proteínas, ele está na mesma situação. Tem farinha amontoada em tudo quanto é lugar. Ele a comprou no mercado de futuros – na verdade, está no mercado de futuros. Se você precisa se livrar de um estoque de farinha de carne e ossos, basta utilizar esse mercado. Assim, a farinha continuou a circular no sistema. E uma vez que começou a circular, continuou a fazê-lo sem parar, porque não havia nenhum controle.

Analogamente, o governo ofereceu aos fazendeiros como compensação apenas 50 por cento do valor de mercado por seus animais doentes, dando-lhes o incentivo de trocar esses animais por alimentos ao primeiro sinal de infecção por EEB.

Em dezembro de 1988, ordenou-se a destruição do leite tirado das vacas claramente contaminadas com a EEB. Naquele ano, os casos oficiais de EEB totalizaram 2.185 na Inglaterra, 1.765 a mais do que no ano anterior. Talvez seja seguro admitir que esses números ficaram aquém da realidade.

Ironicamente, o acontecimento que estimulou a epidemia de EEB talvez não tenha sido a alimentação do gado com farinha contaminada de carne e ossos. Provas surgidas posteriormente evidenciaram que a farinha de carne e ossos provavelmente nunca foi processada em temperatura alta o bastante para inativar o agente da EEB. Uma *porcentagem* maior de farinha de carne e ossos fornecida ao gado é que pode realmente ter provocado a epidemia. "Na verdade" – relata a revista científica *Nature* –, "um fator inerente à disseminação da EEB no Reino Unido foi a inclusão da farinha de carne e ossos nas dietas animais, que saltou de 1 para 12 por cento na década de 80, alteração que resultou da desvalorização da libra e do aumento correspondente do custo da farinha de soja e de peixe." Uma alteração nos mercados financeiros mundiais pode, portanto, ter dado início à infiltração da EEB no suprimento de alimentos humanos.

A Comissão de Southwood publicou seu relatório em fevereiro de 1989. Três dos quatro membros da comissão estavam aposentados das atividades científicas e nenhum deles era profundo conhecedor das encefalopatias espongiformes. Já haviam recomendado a eliminação dos animais contaminados, a proibição das proteínas derivadas de ruminantes e a exclusão do leite suspeito. Agora enfatizavam o suposto elo entre o *scrapie* e a EEB e a improbabilidade de o primeiro ser transmitido aos humanos. ("Há séculos o *scrapie* é endêmico na Grã-Bretanha" – acentua o relatório – "sem que tenha havido nenhuma prova que demonstre incidência maior da DCJ do que a média internacional.") Não encontraram "nenhuma comprovação da transmissão materna ou horizontal da EEB", quer dizer, nenhuma evidência de que a doença se disseminasse das vacas para seus bezerros ou de vaca a vaca diretamente. A comissão endossou a teoria de que a doença se alastrou por meio da farinha de carne e ossos desde 1981 até 1988, quando se proibiu alimentar o gado com proteínas derivadas de ruminantes. Previram que a EEB continuaria a contaminar o gado à proporção de cerca de 350 a 400 cabeças por mês até 1993, para um total acumulado de 17 mil a 20 mil casos, diminuiria para um patamar baixo em 1996 e desapareceria em seguida.

O mal havia sido descrito como uma *nova* doença no trabalho científico que lhe deu nome – o que significava que seu comportamento só poderia ser conhecido após observação e experimentos. Não obstante, a confiante Comissão de Southwood estimou que o gado provavelmente "comprovaria ser um hospedeiro do tipo beco sem saída" para o agente da doença e não o transmitiria a outros animais. (Já se havia demonstrado que essa previsão estava errada; em trecho anterior do relatório, a comissão observara que "camundongos vacinados com homogeneizações cerebrais de dois casos distintos de EEB apresentaram, após 10 a 11 meses, sintomas de uma encefalopatia indistinguível do *scrapie* dos carneiros.") Portanto, a comissão julgou "altamente improvável que a EEB terá alguma implicação na saúde humana". Ao cumprimentar o Ministério pela rapidez com que "determinou as normas", a comissão concluiu, com notável irresponsabilidade, que "o risco de que a EEB seja transmitida a seres humanos é remoto".

Um médico e microbiologista empreendedor da Universidade de Leeds, dr. Richard Lacey, logo condenou publicamente o tratamento dado pelo governo inglês à epidemia de EEB. Em 1994, no livro *Mad Cow Disease* (A doença da vaca louca), ele zomba da reação oficial ao Relatório de Southwood:

> Não surpreende que o governo do Reino Unido tenha ficado encantado. O risco da EEB para o homem era "remoto"; a doença iria se erradicar por si só, espontaneamente, uma vez que sua fonte de alimentação fosse eliminada. Não era preciso tomar nenhuma providência. A agricultura poderia continuar como antes. Não haveria abate de rebanhos, nem qualquer redução das atividades pecuárias, inclusive a criação de animais. A carne bovina estava salva.

Quando o Relatório de Southwood foi divulgado, os casos notificados de EEB já totalizavam 500 por mês, mais do que os números estáveis previstos pela comissão. No final de 1989 chegaram a 900 mensais. Em fevereiro de 1995, havia 143.109 casos confirmados e não os meros 20 mil estimados pela comissão.

David Statham, técnico de saúde ambiental, declarou depois à televisão inglesa que quando o Ministério ordenou a proibição de determinados miúdos no final de 1989, "não houve nenhuma orientação sobre como se procederia a essa retirada do mercado. Tínhamos exemplos de abatedouros onde se rachavam cabeças com cutelos e tentavam abrir crânios com serrotes para extrair os miolos pelo buraco feito para atordoar o animal." A dra. Marja Hovi, veterinária, descreveu uma ida a um abatedouro "para verificar as condições do carregamento das cabeças. Vi 150, talvez 200 cabeças atiradas e empilhadas num caminhão, onde se podia ver a matéria encefálica saindo pelos buracos quando as cabeças estavam viradas, escorrendo e contaminando tudo que estivesse por baixo. Quando as cabeças chegavam à fábrica, a carne da parte frontal dos animais – normalmente de má qualidade – era aparada para a fabricação de hambúrgueres para consumo humano." Um inspetor de carnes, resguardando o anonimato, informou que "os miúdos especificados não estavam sob controle. Esperava-se que todo o material fosse coletado, recebesse corantes e fosse retirado do prédio. Na verdade, o que víamos eram os miúdos proibidos sendo misturados a outros materiais." Statham, o técnico de saúde ambiental, conclui: "Estávamos recebendo mensagens confusas, especialmente do governo. Diziam que aquilo não era realmente um problema, mas sim uma iniciativa 'de fachada', não um problema sério de saúde pública."

Fosse por negligência ou intencionalmente, o governo estava iludindo o público a crer que não era arriscado comer carne bovina. O veterinário-chefe do governo, um burocrata grisalho e quase calvo chamado Keith Meldrum, desde o começo da epidemia havia insistido em entrevistas à imprensa que a doença não tinha qualquer influência sobre o homem. Em janeiro de 1989 expôs seu pensamento na rede de televisão BBC: "As comprovações da EEB" – declarou de forma erudita aos telespectadores ingleses – "se originam basicamente de nosso conhecimento do *scrapie*, e não existe qualquer prova, científica ou não, de que o *scrapie* seja transmitido ao homem por carneiros ou cabras. Utilizando esse fato como exemplo, estamos confiantes em que a EEB não é transmissível ao homem."

A posição governamental enfureceu Alan Dickinson. Já em 1976, muito antes do surgimento da EEB, Dickinson escreveu que "não devemos supor, a esta altura dos nossos conhecimentos, que os agentes do *scrapie* não sejam transmissíveis ao homem a partir de carne contaminada, especialmente por sabermos que alguns tipos de cozimento não impedem a infecção". Ao analisar a transmissão do *scrapie* a cabras, ele encontrou o agente não apenas nos tecidos de miúdos posteriormente banidos pelo governo, mas também, surpreendentemente, nos músculos, o que equivale a dizer na carne. "A maneira como são treinados os administradores pretensiosos, esses mandarins – diz ele hoje –, "pode ser resumida em uma frase: visa a formar pessoas para ficarem em paz com suas consciências ao tomar decisões sobre assuntos de que não entendem. Elas se tornam técnicas lendo sobre os assuntos que lhes competem oficialmente. O que é uma 'recomendação'? Ah, é uma coisa escrita no relatório final desses 'técnicos', algo que eles concordariam em não incluir se não fosse aceitável." Os administradores estavam orientando a resposta do governo britânico à EEB, protegendo a indústria pecuária. Dickinson, Hugh Fraser e outros que haviam estudado o *scrapie* durante décadas foram deixados de lado.

Outros também soaram o alarma. Richard Lacey credita a um jovem médico, Tim Holt, e a um dietista, J.Phillips, ao publicarem um artigo no *British Medical Journal* em junho de 1988, terem sido os primeiros a chamar a atenção do público para a possibilidade de que a EEB fosse perigosa para o homem. O veterinário-chefe Keith Meldrum contra-atacou com uma negativa que encobria a ignorância de anos de trabalho sobre a transmissão da doença no laboratório de Gajdusek em Compton e em Edimburgo: "Não acreditamos haver qualquer risco no consumo desse tipo de produto porque não existe qualquer ligação conhecida entre as encefalopatias animais e as humanas." Num programa de rádio transmitido em cadeia em maio de 1989, um eminente neurologista anunciou que ele e sua família haviam deixado de comer carne bovina e alertava as pessoas a serem cautelosas.

Hugh Fraser recorda que, "depois disso, eu e colegas qualificados fomos instruídos a não discutir esses assuntos com a mídia". Em janeiro de 1990, com 7.136 casos de EEB confirmados oficialmente na Inglaterra no ano anterior – 5.051 a mais do que em 1988 –, a imprensa começou a gritar.

Em fevereiro o governo reagiu, aumentando a compensação aos fazendeiros pelo sacrifício de animais contaminados com EEB para cem por cento do valor de mercado das reses saudáveis. Ao mesmo tempo, tentou dar um tom otimista a experimentos que acabavam de ser relatados demonstrando que a EEB podia ser transmitida por inoculação ao gado e por alimentação a camundongos. "Esses resultados demonstram que a doença pode ser transmitida por métodos artificiais de infecção" – afirmou o Ministério numa declaração à imprensa –, "o que só pode ser feito experimentalmente em laboratório e jamais aconteceria no campo." ("De que adiantam esses experimentos artificiais, se não têm importância para o problema?" – pergunta Lacey, exasperado.) A União Européia teve opinião diferente. Em março, restringiu a exportação de gado britânico a animais até seis meses de idade e desde que fossem abatidos antes de chegar àquela idade; em outras palavras, teriam que ser bezerros. Todas as demais exportações de gado (não de carne) foram proibidas.

A morte de um gato em maio de 1990 causou pânico nacional na Inglaterra. Durante algumas semanas, o consumo de carne bovina caiu um terço, e as escolas londrinas eliminaram temporariamente da merenda a carne de gado inglês. Max, um gato siamês de cinco anos, castrado, dividia uma casa em Bristol com outros quatro gatos. Em dezembro, seus donos notaram que Max às vezes adormecia em pé. Um mês depois ele começou a cambalear. Sua cabeça pendia sempre para a direita. Ruídos súbitos o assustavam.

Sua pele comichava e isso fazia com que ele se lambesse e mastigasse freneticamente. Em maio, as patas traseiras de Max não se sustentavam, dificultando-lhe urinar e defecar. A essa altura seus donos piedosamente mandaram matá-lo. Encefalopatia espongiforme contraída naturalmente nunca fora observada em gatos.

O veterinário-chefe Keith Meldrum descreveu o caso numa carta à publicação *Veterinary Record*, ressaltando hipocritamente que "não existe prova de que a doença seja transmissível, nem há qualquer vínculo conhecido com as outras encefalopatias animais". Publicamente Meldrum foi ainda mais otimista: "Não existe absolutamente motivo de alarme" – declarou na televisão em 10 de maio. "Essa foi apenas a morte de um gato, dentre os sete milhões de gatos do Reino Unido." Sessenta e dois outros gatos domésticos morreram nos quatro anos seguintes antes que o governo admitisse que ração contaminada de animais domésticos fosse a causa provável das mortes.

Richard Lacey, o médico de Leeds que diz o que pensa, é um homem corado e corpulento, de testa proeminente e cabelo branco ralo, que se adequaria perfeitamente a uma gravura de café inglês do século XVIII. Ele atraiu a atenção nacional pela primeira vez para a EEB após a morte de Max, quando declarou ao editor do *Sunday Times* de Londres que a doença continuava a se disseminar entre o gado inglês, o que queria dizer que o mal se espalhava por transmissão materna ou horizontal e que todos os rebanhos contaminados deviam ser destruídos. A declaração de Lacey deu a seguinte manchete no *Sunday Times*: "EMINENTE CIENTISTA EXIGE ABATE DE 6 MILHÕES DE VACAS". Essa proposta brutal suscitou um bombardeio de declarações tranqüilizadoras à imprensa por parte do Ministério da Agricultura. O próprio ministro, um jovem conservador de rosto vermelho chamado John Gummer, garantiu seu lugar na história da Inglaterra ao alimentar a filha Cordelia com um hambúrguer diante de uma multidão de câmeras de TV, enquanto insistia que a carne inglesa não apresentava perigo.

Na ocasião da morte de Max, vários animais de zoológicos haviam morrido vítimas de novas encefalopatias espongiformes. Um niala (antílope africano) fora diagnosticado com a doença já em junho de 1986. Subseqüentemente, órixes, elãs e outros antílopes africanos, um puma, chitas e possivelmente avestruzes seriam contaminados. Alguns animais dos zoológicos haviam sido alimentados com rações que continham farinha contaminada de carne e ossos, e as características biológicas de suas infecções combinavam com as do gado atacado pela EEB. Porém, alguns elãs africanos de pelagem listada e uma gazela nasceram depois da proibição das rações derivadas de ruminantes e um antílope africano era *filho* de um animal contaminado por ração, o que significa que a doença pode ter passado de animal para animal nesses casos, em linha materna ou horizontalmente.

Richard Lacey depôs perante a Comissão de Agricultura do Parlamento Britânico em junho de 1990. Embora um membro do Partido Conservador, proprietário de uma empresa de empacotamento de carne, tentasse desacreditar o testemunho de Lacey, ele se manteve firme e abordou vários pontos importantes. Um deles era que a carne de animais contaminados pela EEB não podia ser considerada segura, mesmo com a proibição da venda de determinados miúdos, pois os vasos linfáticos e os nervos, sabidamente infecciosos, atravessavam os músculos. Outra afirmação foi a de que não havia qualquer prova ligando a EEB ao *scrapie* nos carneiros e, na verdade, tudo levava a crer que o mal surgia no gado de forma independente, pois carneiros e vacas pastavam juntos há gerações sem que se conhecesse qualquer transmissão do mal entre eles. Lacey argumentou que, na falta de um teste para a detecção da EEB, a única política racional do governo era abater os rebanhos infectados. Se isso não ocorresse, os animais contaminados que ainda não estivessem exibindo sintomas certamente contaminariam – já estavam certamente contaminando – o suprimento de alimentos humanos. De modo sinistro, Lacey "traduziu" uma declaração de um relatório governamental em linguagem fácil de entender para revelar a verdadeira extensão do erro crasso cometido pelo governo em relação à EEB:

> Gostaria de ler apenas uma seção do Relatório Tyrrell: "Muitos e minuciosos estudos epidemiológicos em todo o mundo contribuíram para o consenso atual de que a origem do *scrapie* não está ligada à DCJ. Faz-se urgente que a mesma certeza possa ser dada quanto à falta de efeito da EEB sobre a saúde humana. A melhor maneira de fazer isso é supervisionar todos os casos da DCJ que venham a ocorrer no Reino Unido nas próximas duas décadas." Para mim, falta alguma coisa nesse relatório; a segunda frase não decorre da primeira. É inacreditável que um grupo de cientistas independentes esteja dizendo que queremos dar uma garantia ao povo e que a melhor forma de fazer isso é avaliar a incidência da DCJ nos próximos vinte anos. Estão propondo o maior experimento que já fizeram para ver quantas pessoas vão sucumbir. Recuso-me a crer que essa seja a opinião de ilustres cientistas independentes. Minha opinião é de que esses relatórios foram manipulados por outras pessoas. Simplesmente não posso crer que um cientista diga: *"Para verificar a gravidade do problema, vamos ver quantas pessoas morrem."*

Em 1993, dois granjeiros morreram de DCJ. O governo alegou que as mortes poderiam ser justificadas dentro da incidência mundial da DCJ esporádica, de um caso por um milhão de pessoas a cada ano. Entretanto, Victoria Rimmer, adolescente sardenta de 15 anos, loura e de olhos azuis, começou a sair do colégio e chegar em casa exausta em maio de 1993 e a doença que se seguiu não podia ser tão levianamente explicada: a DCJ é extremamente rara em pessoas com menos de 30 anos. Sua avó Beryl, que a criava, disse depois que Vicky "começou a emagrecer de maneira assustadora; pensei que estava com anorexia. Comecei a receber telefonemas de amigos e do colégio perguntando qual era o problema com ela. As semanas iam passando e ela piorava. Vivia caindo, como aquele gado doente, e não parava de me perguntar: 'Que é que há comigo, mamãe?' Ela simplesmente não entendia o que lhe estava acontecendo. Se estávamos na cidade, ela precisava sentar-se no chão porque se sentia exausta. Entre o final de maio e agosto, apareceu-lhe uma dor terrível no braço e pescoço – ela vivia em agonia, chorava o tempo todo. Eu a levei a vários médicos, mas eles disseram que nada havia de errado."

Beryl Rimmer acabou encontrando um médico disposto a internar sua neta para submetê-la a exames. Ele achava que um vírus do sarampo tinha-se infiltrado no sistema nervoso de Vicky, mas não encontrou vírus algum no seu fluido espinhal. Em seguida lhe fez uma biópsia do crânio. Três dias após a biópsia, Vicky, que "era mais do que normal, cheia de vida", segundo sua avó, e amava o balé, caiu em coma. A biópsia cerebral revelou encefalopatia espongiforme. A sra. Rimmer não entendeu o termo e pediu ao médico que o escrevesse. Lembra-se de que ele teve medo de fazê-lo e lhe disse para procurar o nome num dicionário de termos médicos. Ela acabou por convencê-lo e mostrou o termo a outro médico, que lhe explicou que "encefalopatia espongiforme" era o mal da vaca louca.

Um pesquisador da unidade governamental de vigilância da DCJ em Edimburgo visitou Beryl Rimmer e examinou Vicky. A sra. Rimmer diz que ele a avisou para não comentar o estado de saúde da neta. "Pense na economia da Inglaterra" – disse-lhe –, "pense no Mercado Comum."

Em março de 1994, uma estudante de 16 anos, moça muçulmana nascida na Inglaterra de pais turco-cipriotas, ficou com o rosto e as pontas dos dedos insensíveis e com dor de cabeça depois de uma queda. Em agosto sua fala ficou incompreensível e seu equilíbrio, prejudicado. Em setembro, a memória falhava e ela tropeçava ao andar. A moça nunca fora tratada com o hormônio do crescimento humano, nunca recebera enxerto de pele nem sofrera qualquer neurocirurgia. Costumava comer carneiro, mas às vezes se alimentava com carne em conserva e hambúrgueres. Seu estado de saúde piorou gradativamente e ela foi hospitalizada. Uma biópsia revelou alteração espongiforme no córtex cerebral, assim como numerosas placas. O tecido da biópsia reagiu aos anticorpos da PrP, mas não ao amilóide do mal de Alzheimer.

Ainda em 1994, um estudante de 18 anos foi levado a um psiquiatra por causa de uma depressão. Disse ao psiquiatra que sua memória estava falhando nos últimos seis meses e que se sentia "biruta". Um relatório do desenvolvimento de sua doença foi publicado na *Lancet* no ano seguinte:

> Em seguida ele passou a ter alucinações visuais, erros de referência, e medo excessivo de água e objetos afiados, recusando-se a lavar-se ou barbear-se. Seus pais repararam que ele tinha dificuldade de realizar tarefas simples como destrancar uma porta ou comer um ovo cozido.

Foi internado num hospital psiquiátrico. As alucinações continuaram... Seu modo de andar piorou... Durante oito anos de sua vida, ele visitara anualmente a fazenda da tia e tivera contato com vacas. Nenhum caso de EEB foi notificado nesse rebanho.

Uma biópsia deu positivo para PrP. O rapaz morreu em 1995. A autópsia revelou alterações espongiformes e astrogliose.

Essas duas mortes (Vicky Rimmer ficou em coma até 1996, quando morreu) e as dos donos de granja não constituíram ainda provas suficientes, epidemiologicamente, de que a EEB tivesse começado a contaminar seres humanos. "Os cem mil fazendeiros do Reino Unido com EEB nos rebanhos" – escreveu-me Carleton Gajdusek em janeiro de 1996 – "significam pelo menos um milhão de trabalhadores da indústria animal expostos a farinha de carne e ossos contaminados e a vacas doentes com a EEB; isto quer dizer que se pode calcular um trabalhador por ano contaminado pela DCJ." Simplesmente da incidência mundial esporádica da DCJ de uma pessoa em um milhão, Gajdusek traduziu que um trabalhador em cada milhão de trabalhadores da indústria animal na Inglaterra seria atacado pela DCJ.

"Dois casos [entre esses trabalhadores] seriam muito" – prossegue Gajdusek. – "Os dois casos dos adolescentes com 17 e 19 anos de idade são os de vítimas mais jovens dessa doença já registrados no Reino Unido e há menos de 10 [casos de adolescentes] conhecidos no mundo." Na realidade, só havia quatro notificações da DCJ em adolescentes na literatura médica até 1995. O comentário de Gajdusek concluía: "Isso é ainda *maior* motivo de preocupação. Dez adolescentes seriam uma epidemia."

No início de 1996, além de Vicky Rimmer e dos dois casos de 1995, mais sete jovens haviam morrido ou estavam gravemente enfermos.

Sétima Conexão...

ESPÉCIE	DOENÇA	PROGNÓSTICO
homem	kuru (transmissível a primatas)	fatal
homem	Creutzfeldt-Jakob (transmissível a primatas)	fatal
carneiro	*scrapie*	fatal
marta	encefalopatia transmissível de marta	fatal
gado	encefalopatia espongiforme bovina	fatal

12
O Gelo-Nove

Fort Dedrick, São Francisco, Montana,
1985-1995/Grã-Bretanha, 1996

COM O PASSAR DOS anos, Carleton Gajdusek engordou. Do corpo magro de 1,73m de altura e 63 quilos de sua época de kuru, quando caminhava para cima e para baixo nas montanhas com apenas duas refeições por dia e geralmente chegava ao acampamento bem antes de seu grupo de patrulha, conseguiu com a meia-idade parecer um buda, pesando quase 136 quilos. Sempre dera pouca atenção à roupa, viajando com pouco mais que uma escova de dentes; seu tamanho limitava ainda mais as opções e agora ele costumava usar camisas xadrez de lenhador e calças escuras resistentes, presas por suspensórios. Cabelo grisalho, rosto largo e gordo, olhos argutos e profundos, parecia o ator Charles Durning. Viajava constantemente pelo mundo, pedindo emprestado um casacão de inverno ou enrolando um xale nos ombros se estivesse frio, pesquisando doenças raras e enigmáticas, seduzindo platéias com histórias sobre suas aventuras. E ninguém poderia duvidar de sua grande inteligência.

Há quase trinta anos, Gajdusek tem discutido apaixonadamente uma hipótese radical sobre a causa das encefalopatias espongiformes transmissíveis e, embora falte a comprovação definitiva, existem muitas provas que corroboram sua interpretação. O mais sinistro ainda é que ninguém demonstrou que ele esteja errado. Seria melhor para todos nós se alguém fizesse isso, mas nem mesmo o ambicioso Stanley Prusiner conseguiu conceber a experiência definitiva que pudesse resolver a questão de uma forma ou de outra.

A interpretação de Gajdusek começa com o fato óbvio de que alguma coisa deve transmitir informações para que um agente infeccioso se possa reproduzir. Em todo o resto da biologia, essa "alguma coisa" é o ácido nucléico. Entretanto, atacar os agentes da EET com tratamentos como a radiação, que destrói o ácido nucléico, não impede que eles continuem infecciosos. Para Gajdusek, isso quer dizer que um outro processo reprodutivo deve estar envolvido.

Se os agentes da EET não utilizam o sistema universal do ácido nucléico, de que outra maneira eles podem reproduzir-se e multiplicar-se? Quando Gajdusek começou a procurar outros mecanismos de reprodução, um lhe veio imediatamente à cabeça. Ele já funcionava na terra mesmo antes do surgimento dos organismos vivos, era universal e transmitia informações de forma confiável de geração a geração. O velho e confiável sistema que Gajdusek acha que os agentes da EET possam usar para reproduzir-se é a cristalização.

Cristais são grupos organizados de moléculas, unidades de padrão idêntico amontoadas em camadas. Eles se solidificam por meio de soluções líquidas, quando há condições adequadas. Açúcar e sal são cristais: um é reduzido pela fervura do xarope, o outro, pelo mar. Flocos de neve são cristais, o gelo é cristalino, assim como as estalactites e as estalagmites que se cristalizam por meio de minúsculos cristais de pedra calcária dissolvida na água que goteja nas cavernas. Se num dia frio você bafejar seu hálito úmido numa vidraça, uma lâmina de cristais de gelo se formará; do lado de fora da casa, é possível que encontre um lâmina semelhante de orvalho cristalizado no pára-brisa de seu carro. Diamantes e a maioria das pedras preciosas são cristais. Muitos materiais biológicos são também cristalinos. Ostras e outros moluscos precipitam cristais para fazer suas conchas. Formamos nossos dentes e ossos ao precipitar cristais originados de soluções biológicas em nossos corpos. As proteínas – "grupos organizados de moléculas" – são cristalinas. O leite coalha por um processo de cristalização que precipita os coágulos de proteína a que chamamos queijo.

Quando menino, Gajdusek brincava com precipitações de cristal em seu laboratório no sótão. É um truque comum dos conjuntos de químico aprendiz. Dissolva cristais de revelador de filme fotográfico – hipossulfito – em água quente num béquer de vidro até que os cristais parem de se dissolver, cubra a solução com uma lâmina limpa de vidro, desligue o calor e deixe esfriar. As soluções mais frias mantêm menos sólidos dissolvidos do que as soluções mais quentes. No béquer mais frio, o hipossulfito deveria precipitar-se em cristais. Isso não ocorre, porém, porque ele não sabe que forma assumir. Em vez disso, a solução esfria até um estado conhecido como supersaturação. Quando é destampada e recebe um só cristal de revelador seco, terá início uma impressionante cascata de precipitação de cristais. O cristal fornece o molde – a informação de que a solução precisa para se organizar.

Com os cristais, a organização é o que importa. O mesmo carbono puro que se cristaliza como diamante cristalizar-se-á em simples grafite sob diferentes condições de moldagem. Um cristal se transforma num padrão atômico. Os padrões são os dados que as várias gerações de cristais transmitem umas às outras. Um pedaço da geração anterior normalmente fornece o padrão – o cristal que foi posto no béquer. "Dê-me oito tijolos juntos nos ângulos adequados" – exemplo usado por Gajdusek para ilustrar o argumento – "e eu lhe construo uma torre octagonal." O pedaço que propicia o molde – que serve de núcleo à formação cristalina – é chamado nucleante ou agente nucleante. Ao receber como elemento propulsor uma amostra de nucleante, o processo de cristalização prosseguirá por si mesmo autocataliticamente, com novos cristais moldando a partir de fragmentos dos formados anteriormente.

Gajdusek se deu conta de que nesse processo havia um mecanismo não biológico de reprodução e multiplicação. A evolução chegou até a usá-lo em alguns processos biológicos. Não era, porém, totalmente confiável. As coisas podiam dar errado. Cristais do mesmo material, moldados por nucleantes diferentes, poderiam ter propriedades físicas distintas, com resultados catastróficos. Em lugar de diamantes, por exemplo, poder-se-ia obter grafite, o material que se usa nos lápis. Gajdusek cita o estranho caso de uma "infecção" industrial ocorrida durante a Segunda Guerra Mundial. O tartarato etileno de diamina (TED) é um composto amplamente utilizado como agente purificador nos processos industriais. Uma fábrica que produzia TED foi contaminada por um agente nucleante que fez o TED se precipitar num estado cristalino anormal. A forma "infeccionada" de TED não funcionou. Era uma porcaria. "Essa infecção paralisou a indústria" – conta Gajdusek – "e não pôde ser eliminada."

O enredo do romance *Cat's Cradle* (Cama de gato), de Kurt Vonnegut, escrito em 1993, começa com um caso apocalíptico de infecção nucleante: felizmente para todos nós, a história era ficção. Um brilhante cientista inventa uma nova forma de gelo, com um padrão cristalino diferente do gelo comum e propriedades físicas também diferentes:

> "Agora suponha" – casquinou o dr. Breed, divertindo-se – "que o tipo de gelo sobre o qual esquiamos ou que pomos em nossos drinques – o que poderíamos chamar de *gelo-um* – é apenas uma dentre várias espécies de gelo. Suponha que a água sempre se congelou como *gelo-um* na terra porque nunca teve um molde para ensiná-la a formar *gelo-dois, gelo-três, gelo-quatro*... Suponha também que houvesse uma forma, a que chamaremos *gelo-nove* – um cristal tão duro quanto esta mesa – com um ponto de derretimento de, digamos, 61 graus. Quando a chuva caísse, se congelaria em pequenos e rijos pregos de *gelo-nove*, e isso seria o fim do mundo!"

E isso é o que Vonnegut faz acontecer em *Cat's Cradle*: um nucleante de gelo-nove é acidentalmente jogado no oceano e toda a água da terra – uma solução supersaturada em termos de gelo-nove – se congela, se solidifica, impossibilitando a continuidade dos muitos processos biológicos que dependem da água líquida, incluindo a circulação do sangue nas veias humanas. O narrador de Vonnegut relata: "Houve um som semelhante ao do suave fechar de um portal tão grande quanto o céu, o grande portão celestial. Foi uma coisa impressionante. Abri os olhos e todo o mar tinha virado *gelo-nove*. A terra verde e úmida era uma pérola branco-azulada."

Gajdusek visualizava processo infeccioso similar nas EETs. O agente infeccioso era um pedaço de amilóides anormais de PrP, uma subunidade das fibrilas associadas ao *scra-*

pie descobertas por Pat Merz. As fibrilas mesmo estavam enroladas em pilhas lineares desses cristais anormais de proteínas PrP. Placas de kuru eram grandes nós cristalinos de fibrilas que se acumulavam no cérebro morto. Gajdusek sugeriu que um cristal nucleante de PrPs anormais era o agente infeccioso da EET. Quando ele conseguia chegar aos locais onde era feita a PrP nas membranas das células nervosas, substituía a PrP normal como nucleante e ensinava a proteína em formação a se modelar como uma PrP anormal. Dali para a frente, a célula continuava a produzir PrPs, mas terminava na forma anormal e não na normal. A PrP normal era empregada pela membrana celular para alguma função desconhecida e depois eliminada. Entretanto, a PrP anormal resistia a ser dissolvida ou digerida. A membrana celular não conseguia eliminá-la. Por isso ela se acumulava, bloqueando ou envenenando um processo celular essencial, danificando a célula até matá-la. Processos corporais então suprimiam a célula nervosa morta, produzindo os orifícios característicos da degeneração espongiforme. As estrelas marrons da astrogliose surgiam porque as astróglias são as combatentes da infecção cerebral, sua contrapartida às células brancas do sangue. Da mesma forma que a quantidade de células brancas do sangue sobe quando o corpo tem uma infecção, as astróglias proliferavam nessa estranha infecção cerebral.

Com esse engenhoso modelo em mente, Gajdusek parou de chamar de vírus lento o agente infeccioso da EET e passou a defini-lo como um amilóide infeccioso. Esse novo nome generalizava a doença além de seu próprio e raro exemplo. Um dos grandes marcos da pesquisa do mal de Alzheimer surgiu na década de 80, como resultado direto do trabalho de Gajdusek e seus colegas em relação à doença espongiforme: demonstrou-se que aquela doença era uma amiloidose causada pelo acúmulo de uma proteína de refugo no cérebro, que se revelava em placas amilóides. A proteína de Alzheimer, chamada PAP (proteína amilóide precursora), é diferente da PrP. Ela é definida por um gene diferente localizado num cromossomo diferente e nunca demonstrou ser infecciosa. Não obstante, o processo da doença de EET e o processo do mal de Alzheimer são semelhantes: ambos apresentam número anormal de núcleos, seguidos pelo acúmulo fatal de placas amilóides.

Subitamente, então, Gajdusek e seus colegas se viram às voltas com duas espécies de amiloidose cerebral: infecciosas (as EETs) e não infecciosas (o mal de Alzheimer). Gajdusek começou a falar orgulhosamente de "uma nova era" na microbiologia com as provas crescentes de que os agentes de kuru, DCJ, *scrapie*, EEB e outras doenças espongiformes poderiam ser "proteínas infecciosas amilóides". As doenças que elas causavam eram claramente amiloidoses cerebrais como as várias outras amiloidoses que atormentam o corpo humano sempre que ele está suficientemente agredido por graves infecções. De forma análoga, disse Gajdusek, "surgiu uma nova era para a neurologia, pois percebemos que o mal de Alzheimer e o envelhecimento normal do cérebro são exemplos de amiloidoses cerebrais não transmissíveis".

No caso das amiloidoses transmissíveis, as EETs, Gajdusek afirmou que haviam descoberto "uma nova categoria de microorganismos que requerem que ampliemos nossa compreensão dos princípios básicos da biologia". Pelos estudos de Gajdusek, o ADN continuava a originar o ARN que fazia proteínas – ele não estava propondo derrubar o dogma central da biologia molecular –, mas uma proteína anormal intervinha no meio do caminho para alterar a forma final da proteína em desenvolvimento. Em resumo: esse era um novo mecanismo de doenças, que tinha mais a ver com a química do que com a biologia.

O modelo de Gajdusek de nucleação protéica anormal é demonstravelmente válido como um *processo* de doença, mas falta a confirmação definitiva de que isso também vale como *causa* de doença. Paul Brown é um dos que gostam de bancar o advogado do diabo com o conceito de Gajdusek. "Deus disfarçado de vírus", foi como chamou certa vez o agente da EET. "A questão da natureza do agente é obviamente fundamental" – disse-me certa vez –, "mas a maioria das pessoas não a divide adequadamente em *duas* interessantes perguntas. A primeira tem a ver com o que chamamos de patogênese. Isto é, uma vez *iniciado* o processo, qual é o mecanismo que o faz continuar? Ele mesmo se mantém? Como é que ele acaba como um amilóide que se pode ver? Na verdade, porém, o problema ainda mais interessante é *como ele começa?*" Ninguém mais duvidava de que uma forma anormal de PrP era responsável pelos danos das doenças espongiformes. Entretanto, muitos continuavam a duvidar de que o agente da transmissão fosse uma proteína infecciosa. Depois de tantas décadas de pesquisas, ele poderia muito bem ser um vírus convencional ou um virino.

A associação das EETs com o mal de Alzheimer, generalizando o problema a partir de um grupo de doenças raras até a demência mais comum que aflige a humanidade, atraiu vários novos pesquisadores e muito dinheiro para essa área. Desde meados da década de 80, uma nova geração de biólogos moleculares começou a dedicar-se às EETs. Químicos especializados em polímeros, com conhecimento dos processos de cristalização, vieram a participar das pesquisas (polímeros são moléculas feitas de moléculas menores que se repetem e se juntam; muitos plásticos, além de proteínas e ácidos nucléicos, são polímeros). Ambos os tipos de cientistas, além de microbiólogos e médicos pesquisadores, estão se esforçando para realizar a descoberta revolucionária que definiria de uma vez por todas o agente da doença. Seus experimentos têm sido notavelmente inventivos.

Quando ficou claro que a PrP era uma proteína anfitriã – isto é, formada por células nervosas e não por um vírus invasor –, tornou-se possível pesquisar desde a proteína até o ARN que a especifica e do ARN até o ADN. As seqüências de ADN – os genes – para a PrP do camundongo, a PrP do *hamster* e a PrP humana foram todas decodificadas em 1986 e se viu que eram semelhantes, o que comprovava em nível molecular o entendimento de Gajdusek de que todas as EETs eram basicamente a mesma doença. Essas seqüências de ADN serviram então de instrumento para investigar as diferenças entre as várias formas da doença.

O dr. Byron Caughey é um bioquímico jovem e vigoroso que trabalha com uma equipe liderada pelo imunologista Bruce Chesebro nos Laboratórios das Montanhas Rochosas* em Hamilton, Montana, cidade natal de Bill Hadlow. Antes de Caughey chegar a Hamilton, Chesebro havia decodificado o gene para a PrP de camundongos (o grupo de Prusiner decodificou o gene para *hamsters* e seres humanos) e demonstrado que o gene era idêntico para as PrPs normais e anormais de camundongos, argumentando a favor de uma alteração de padrões como diferença entre as duas. Em 1988, pela primeira vez, Caughey criou PrP anormais em proveta. Ele "clonou" o ADN de PrP de um cérebro de camundongo infeccionado por *scrapie* e inseriu a seqüência de genes em células cancerosas de camundongos em cultura. As células começaram a criar PrP e, porque apenas o gene fora transferido, Caughey pôde ter certeza de que a PrP de proveta não estava contaminada com nenhum vírus. Quan-

* O INH pluralizou seu nome ao se expandir.

do bastantes células alteradas se acumularam, Caughey homogeneizou-as e injetou parte do material em camundongos saudáveis. A experiência foi a primeira tentativa do que poderia ser uma demonstração definitiva: criar PrP anormal artificialmente em proveta, livre de quaisquer possíveis contaminações, e demonstrar que ela pode produzir infecção em animais não afetados pelo *scrapie*. Lamentavelmente, os camundongos de Caughey não foram contaminados, o que não provou o oposto: que a proteína não é infecciosa. É possível que alguma coisa estivesse faltando à mistura.

A doença de Creutzfeldt-Jakob às vezes ataca famílias. Nessas famílias, o risco de uma pessoa contrair a DCJ pode ser de um em mil, em vez da proporção mundial esporádica de um em um milhão. Esse risco em família implicava que as diferenças genéticas podem determinar a suscetibilidade à doença. Contudo, as doenças que atacam famílias não são necessariamente genéticas, como Gajdusek aprendeu com o kuru. Uma rara variante da DCJ que avança mais lentamente até a morte, a amplamente chamada de síndrome de Gerstmann-Sträussler-Scheinker (SGSS), é especificamente familiar. Em 1989, o grupo de Stanley Prusiner, em trabalho conduzido pela brilhante pesquisadora sino-americana Karen Hsiao, identificou certa mutação nas seqüências de PrP de ADN de duas famílias SGSS, uma americana e uma inglesa, que não estava presente em uma centena de pessoas normais escolhidas para comparação ou em quinze pessoas com a DCJ esporádica. A diferença indicou que a SGSS era pelo menos herdada. De modo impressionante, revelou que as mutações determinavam o rumo da rara doença: supondo-se que as duas famílias não fossem aparentadas, as mutações devem ter ocorrido independentemente: eram idênticas e causavam doenças idênticas. "Os novos resultados fazem a balança pender a favor da hipótese de que se trata 'apenas de uma proteína'" – escreveu na *Nature* no mesmo ano de 1989 o pesquisador suíço Charles Weissmann. Isso porque, argumentou, os resultados apontavam que certa mutação poderia "aumentar muito a probabilidade de conversão espontânea da PrP^{C} (normal) para PrP^{GSS} (uma forma doente), que então se comportaria como um agente transmissível". Não obstante, acrescentou Weissmann, os resultados "não excluem a possibilidade de que um ácido nucléico faça parte do prion" – porque um vírus ou virino da EET poderia estar largamente disseminado na população, mas normalmente latente, e certa mutação como a da SGSS possivelmente reduziria a resistência a ponto de os membros da família se contaminarem.

Uma por uma, até a década de 90, no laboratório de Gajdusek e em outros locais, pesquisadores identificaram mutações específicas a dezesseis formas familiares de DCJ e SGSS. Certa mutação no genoma de uma família italiana produziu uma terrível variante da DCJ chamada insônia familiar fatal, que impedia o sono de membros atormentados da família até que alucinavam, prostravam-se em coma e acabavam morrendo. Por outro lado, casos esporádicos da DCJ – do tipo que acontece fortuitamente no mundo – geralmente não tinham mutações. Isso ocorria também com o kuru, reforçando a convicção de Gajdusek de que o kuru teve início com apenas um caso esporádico da DCJ que depois se disseminou entre os fores através do canibalismo, da mesma forma que a EET estava se espalhando pelo canibalismo no gado, através da farinha de carne e ossos.

Na opinião de Gajdusek, essas fartas provas do controle genético da neuropatologia apoiavam sua teoria de cristalização de proteínas. Ele acreditava que a DCJ esporádica resultava da conversão espontânea – no cérebro da vítima – de certa molécula de PrP normal para a forma anormal que causava a doença. Gajdusek sugeriu que as mutações familiares reduziam a barreira a essa conversão acidental. "Assim" – escreveu em 1996 –, "com essas mutações esse evento comumente raro se torna uma característica herdada dominante." A restrição de Weissmann, porém, tinha ainda que ser refutada: as mutações poderiam simplesmente permitir uma entrada mais fácil para um vírus oculto.

Stanley Prusiner se manteve ocupado durante todos esses anos. Conseguiu levantar milhões de dólares destinados a pesquisas para sua equipe de São Francisco e as orientou no que Gajdusek avalia como "trabalho científico de excelente qualidade". Em 1989, Prusiner relatou haver desenvolvido uma linhagem de camundongos na qual inserira um gene PrP de *hamster.* Os camundongos transgênicos produziram PrP de *hamster* e sua própria PrP de camundongo. Provocados pelo *scrapie* do *hamster*, que não contamina camundongos normais, os camundongos transgênicos adoeceram após um período de incubação típico da doença do *hamster.* Em seguida Prusiner desafiou com o *scrapie* de camundongos outro grupo de camundongos transgênicos. Com os genes de PrP de *hamsters* e de camundongos, mas somente com o *scrapie* de camundongos a atacá-los, os camundongos adoeceram nos mesmos períodos de incubação do *scrapie* de camundongos. Prusiner concluiu que "nossas descobertas sustentam que o gene da PrP modula a suscetibilidade ao *scrapie*, os períodos de incubação e a neuropatologia". Essas conclusões reconfirmaram o que as pesquisas de genética familiar estavam demonstrando: que as EETs eram de alguma forma geneticamente controladas e transmissíveis. Essa multiplicidade era difícil de se encaixar na hipótese de um vírus, embora a teoria do virino de Alan Dickinson pudesse ajustar-se a ela.

Ainda mais digno de nota foi o trabalho de Prusiner realizado com Charles Weissmann em 1992 e 1993. As equipes de São Francisco e Zurique primeiro eliminaram o gene de PrP de uma linhagem de camundongos, deixando-os sem condições de produzir a proteína PrP. Segundo escreveram os dois cientistas, "surpreendentemente, esses camundongos sem o gene da PrP se desenvolvem e se comportam normalmente e nenhuma deficiência imunológica é aparente". (Os camundongos que se desenvolveram e se comportaram normalmente sem um gene de PrP provocaram a interessante pergunta sobre a utilidade da proteína no corpo; era comum a muitos animais, de modo que presumivelmente tinha uma função valiosa, ou a evolução não a teria mantido. A pergunta ainda não foi respondida.) A equipe de Weissmann fez o acompanhamento desse resultado surpreendente e inoculou nos camundongos sem gene da PrP o *scrapie* de camundongos. Mesmo sem ter um gene da PrP, os camundongos resistiram à infecção e continuaram com boa saúde. Quando Weissmann introduziu um gene de PrP de *hamster* nos camundongos sem o gene da PrP e lhes inseriu *scrapie* de camundongo e de *hamster*, eles adoeceram com o *scrapie* de *hamster*, mas não com o de camundongos. No mínimo, as experiências mostraram que a PrP era necessária para a suscetibilidade ao *scrapie*.

Embora Prusiner estivesse realizando esse importante trabalho, também interferia e se infiltrava no trabalho de outros em sua evidente perseguição de um prêmio Nobel. Gary Taubes, jornalista especializado em ciência, divulgou as manobras no final de 1986 em artigo para a revista *Discover* intitulado "O nome do jogo é fama, mas será também ciência?" O artigo focalizou a criação do nome "prion" por Prusiner, seu gosto por ocupar o centro das atenções e seus esforços para encobrir o fato de que ninguém ainda excluíra a possibilidade da presença de um ácido nucléico nas infecções por EET. A matéria também expôs as tentativas desleais de Prusiner para ocultar o trabalho feito por Paul Brown.

Brown se recorda de que "Taubes começou na Costa Oeste. Disse-me haver partido da tese de que Prusiner estava certo e de que as críticas eram apenas 'uvas verdes'; ele realmente era favorável a Prusiner. Conversou um pouco com Prusiner e depois com outras pessoas. Pouco a pouco, ao longo de vários meses, começou a perceber a verdade, e quando me entrevistou sua posição já era de neutralidade: sua atitude era como deveria ter sido desde o início. Na nossa conversa, eu lhe disse que realmente não gostava de Prusiner, e isso vinha da época em que desconfiei que ele havia impedido a publicação de alguns artigos meus. Na verdade, pude confirmar minha suspeita ao ler uma crítica de três páginas em espaço único escrita por ele."

Relatórios de experiências apresentados a publicações científicas são analisados por outros cientistas que trabalham na mesma área e que os editores reputam grandes conhecedores do assunto antes de serem aceitos para edição. Se as análises dos cientistas-revisores levantam dúvidas, os editores costumam devolver os relatórios aos autores para complementar o trabalho. "Isso quer dizer" – prossegue Brown – "que você precisa realizar mais um ou dois anos de experiências antes de poder 'alçar vôo'. Foi isso que eu disse a Taubes. Ele me ouviu e foi conversar com o editor do *New England Journal of Medicine*. O editor confirmou minhas suspeitas e foi além: nesse ínterim, Prusiner havia tido a audácia – na verdade, a burrice – de mandar à revista um artigo sobre o mesmo tema. *Disso* eu não sabia, embora, pensando bem, nada que Prusiner faça nesse nível me surpreende. Foi extraordinário que Taubes tenha conseguido essa revelação do editor do *New England Journal of Medicine*. Bem, foi um momento muito ruim para Stan. Porque tinha acontecido mesmo, era verdade, e ele nada podia fazer a respeito. Foi apanhado com a boca na botija." A revista rejeitou o artigo de Prusiner, mas o episódio foi constrangedor; Gajdusek precisou forçar para que o trabalho de Brown fosse publicado.

Prusiner poderia ter aprendido com o artigo de Taubes e parado de agir deslealmente. Em vez disso, porém, decidiu parar de falar com a mídia (recusou-se a ser entrevistado para este livro). Uma vez que a prioridade – quem primeiro faz a descoberta – é a mensuração aceitável de realização na ciência, Prusiner continuou a tentar reivindicar a prioridade de trabalhos já feitos por outros. Essa foi a sua atitude contra Pat Merz no caso das fibrilas associadas ao *scrapie*. Em 1968, Alan Dickinson, Hugh Fraser e seus colegas da Unidade de Neuropatogênese do Centro de Pesquisas de Edimburgo identificaram um gene dos camundongos que controlava o período de sobrevivência e a neuropatologia de diversas variedades de *scrapie* nesses animais. Denominaram o gene *Sinc*, abreviatura de "*S*crapie *inc*ubation (incubação de *scrapie*). Os camundongos com uma forma do gene eram contaminados pela doença após curto período de incubação; já os camundongos com outra forma do gene eram atacados pelo *scrapie* após longo período de incubação. No começo da década de 80, Prusiner abordou o problema sob a perspectiva da biologia molecular e concluiu haver um gene que controlava a incubação dessa doença nos camundongos por períodos curtos e longos. No relatório que ele e colegas publicaram em 1986, sugeriu que o gene fosse chamado de *Prn-i*, abreviatura de *Prion incubation* (incubação de prion) e demonstrou que o gene estava estritamente ligado ao gene da PrP. No relatório, rejeitou o *Sinc* com desdém: "A localização cromossômica do *Sinc* não foi determinada nem se descreveu qualquer lugar balizado até a data." Isso foi pouco menos que um inequívoco roubo da prioridade de Dickinson e Fraser.

Os dois cientistas ficaram compreensivelmente lívidos com o roubo disfarçado de Prusiner. Cotejaram *Sinc* e *Prn-i*. Em um ano, tiveram condições de relatar que "o gene *Sinc* e o código de gene para PrP (o gene de Prusiner, isto é, o *Prn-i*) são ligados e podem até ser o mesmo gene". Gajdusek avalia assim as reivindicações do rival: "Dickinson realizou todo o trabalho básico. Stan só fez umas pequenas correções." Gajdusek já viu conflitos pessoais suficientes na ciência para tolerar as manipulações de Prusiner – afinal de contas, ele já tem o seu Nobel. "Acho o insípido Stan bem divertido" – disse-me em carta –, "mas muitos de meus colegas mais jovens são menos condescendentes e mais amargos em relação a ele."

Mesmo a teoria do prion de Prusiner é essencialmente uma variante da teoria de Gajdusek sobre a cristalização protéica (ambas as teorias foram precedidas pelo trabalho do matemático inglês J. F. Griffith já em 1967). Em 1996, as duas versões foram publicadas lado a lado na bíblia da ciência virológica, *Fields Virology*. A terceira edição desse livro médico didático e de referência contém ampla análise de Gajdusek sobre os amilóides infecciosos e outra igualmente extensa de Prusiner sobre as doenças por prion. Para equilibrar as versões diferentes, o editor encarregou Bruce Chesebro, dos Laboratórios das Montanhas Rochosas, de escrever uma introdução. "Os capítulos seguintes apresentam análise minuciosa dessas doenças, sob duas perspectivas individuais", explica Chesebro sobre as análises de Gajdusek e Prusiner. “Embora os dois discordem na terminologia, ambos se inclinam a supor que o agente das EETs seja uma proteína anormal.” Prossegue lembrando aos leitores que a participação de um agente virótico ainda não havia sido descartada. Inquiri Gajdusek sobre essa incomum exibição paralela de ego científico. Ele me respondeu citando o precedente extraordinário de dois famosos cientistas do século XVIII que, independentemente, inventaram um notável sistema matemático e lhe deram designações diferentes, das quais apenas uma delas ficou: “Estou em boa companhia ao perder a batalha semântica, assim como Isaac Newton, que foi amplamente derrotado por Gottfried Wilhelm von Leibniz na luta pelo simbolismo do cálculo.” Prusiner continua a insistir incansavelmente em sua terminologia; seu livro mais recente, publicado em 1996, chama-se *Prions Prions Prions*.

Ainda mais grave, aos que ainda se lembram de que um vírus ou um virino pode ser parte integrante das EETs, é a extensão em que a teoria do prion de Prusiner (em oposição à teoria de Gajdusek de amilóides infecciosos) tem reprimido os debates sobre o tema. “Atualmente, pouquíssimas pessoas estão pesquisando alguma coisa” – observa causticamente a dra. Janet Fraser, mulher e colega de Hugh Fraser. – “As pessoas aceitam o prion, apesar da falta de provas e do fato de que apenas recentemente o Stan reconheceu a existência das variedades. O prion é aceito como verdade absoluta, é ensinado em todos os livros didáticos. Quer dizer, nós o aceitamos porque ele nos é citado. Está tudo resolvido, podemos todos ir para casa.”

As evidências de que o agente das EETs pode ser uma proteína “estranha” continuam a acumular-se. Em 1994, Byron Caughey e Peter Lansbury, químico do Instituto de Tecnologia de Massachusetts (MIT), encontraram uma forma de misturar em proveta PrPs normais às PrPs anormais do *scrapie* numa solução purificada livre de células. Um vírus pequeno não se poderia multiplicar num ambiente sem células, porque esses vírus são parasitas que se reproduzem ao extrair o mecanismo do gene do interior das células. Algumas das PrPs normais na proveta se converteram às formas anormais. Entretanto, Caughey e Lansbury precisaram utilizar tantas PrPs anormais para conduzir à reação que não havia como eles selecionarem na mistura PrPs convertidas suficientes para testar-lhes a natureza infecciosa. Se tivessem conseguido fazê-lo e se as proteínas convertidas fossem infecciosas, teriam obtido o que chamam de "prova definitiva da hipótese de 'apenas proteína'".

Empregando esse novo sistema sem células, Richard Bessen, jovem pesquisador que trabalhava com Caughey e Lansbury, combinou PrPs normais com duas variedades *diferentes* da PrP anormal de *scrapie*, e teve êxito em transformar algumas das proteínas normais em *cada uma* das formas anormais. Esse marco científico foi divulgado em 1995. "É exatamente o tipo de coisa que Carleton Gajdusek vaticinaria" – disse-me Caughey –, "que as duas variedades têm estruturas ou conformações diferentes que podem de alguma forma originar idêntica alteração nas PrPs normais que arregimentarem."

Caughey e Lansbury analisaram mais provas de que a teoria de cristalização de Gajdusek poderia ser correta num artigo em 1995 que homenageou a previsão da ficção científica de Kurt Vonnegut. A matéria intitulava-se "A química da infecção por *scrapie*: implicações da metáfora do 'Gelo-9'". Os dois cientistas mostraram em diagramas como um cristal de EET poderia servir de nucleante para a formação de PrPs anormais, ensinando as proteínas normais a assumir diferentes configurações. Ressaltaram que esse mecanismo poderia justificar a existência das variedades: "Variações de PrPs anormais do *scrapie* podem representar conjuntos de PrPs alternativamente amontoados e ordenados, análogos às várias formas de gelo que inspiraram o gelo-nove de Vonnegut. A propagação das variedades do agente do *scrapie* assemelha-se à transmissão de uma cristalização." Um raro acúmulo acidental explicaria a DCJ esporádica; a transmissão de proteínas infecciosas aceleraria o processo. Observaram que "o exemplo mais conhecido de nucleação é a precipitação de cristais nas nuvens, área do irmão de Vonnegut".

Conheço Kurt Vonnegut desde 1965, quando o entrevistei para a *Paris Review*. Após ouvir Gajdusek falar no gelo-nove e ao ler o artigo de Caughey e Lansbury, reli *Cat's Cradle*, telefonei a Kurt e lhe perguntei como havia tido a idéia de uma forma exterminadora de gelo. Ele me respondeu que o irmão fora físico-químico do MIT e fizera trabalho pioneiro sobre a precipitação de cristais nas nuvens, fazendo chover ao bombear cristais de iodeto de prata nas nuvens para suprir nucleantes aos quais as gotas de chuva se misturariam. Eu lhe recordei a fábrica de TED que produzia refugos e ele disse: "Isso também." Contei-lhe então sobre as EETs e a possibilidade de que infeccionassem como o gelo-nove por meio da nucleação de cristais. Vonnegut não deixou a peteca cair: "Tudo é possível..."

O dr. James Ironside é um patologista lotado na Unidade de Vigilância Nacional Britânica da DCJ em Edimburgo. Em setembro de 1995, ao analisar um corte transversal do cérebro do adolescente recém-vitimado pela doença de Creutzfeldt-Jakob, ele encontrou placas amilóides tão grandes que ao microscópio pareciam crisântemos. O patologista verificou que não estavam restritas ao cerebelo, que se espalhavam pelo cérebro. Revelaram-se na coloração para

PrPs. Ao contrário das placas menores da DCJ comum, essas placas floridas eram rodeadas por uma zona de alterações espongiformes – um destrutivo halo de orifícios.

Ironside jamais vira esse raro padrão de dano, mas sabia que a patologia da DCJ esporádica variava muito de caso para caso. Ficou atônito, portanto, quando mais um caso de morte de adolescente surgiu quase imediatamente, com patologia idêntica. Alertou então o diretor da Unidade de Vigilância, dr. Robert Will. Este mobilizou os funcionários da unidade, que rapidamente notificaram mais seis casos suspeitos em gente jovem. A princípio Will e Ironside acharam que a juventude das vítimas pudesse justificar as semelhanças de patologia. Entretanto, quando consultaram a literatura médica, souberam que os poucos casos de DCJ em pessoas com menos de 30 anos na Inglaterra e no restante da Europa não apresentaram as placas floridas espalhadas pelo cérebro. No final de 1995, o pessoal da Unidade de Vigilância começou a viajar pelo país entrevistando as famílias das vítimas, para eliminar as possibilidades de DCJ familiar ou iatrogênica resultantes do hormônio do crescimento ou de cirurgias.

No fim de fevereiro de 1996, Will e Ironside sabiam que tinham um surto epidemiológico: oito casos de DCJ em gente jovem mostravam um novo perfil neuropatológico de placas floridas, prematura falta de coordenação e demência tardia. Will providenciou a notificação das agourentas descobertas à Comissão Consultora de Encefalopatias Espongiformes (CCEE), grupo de cientistas e médicos nomeados para aconselhar o governo inglês sobre a EEB. Uma reunião do CCEE foi marcada para 8 de março. Ironside abriu a reunião com diapositivos que ilustravam a rara patologia. O dr. John Pattison, presidente da CCEE, relembra vivamente aquele momento: "Antes que ele dissesse alguma coisa, vimos do que se tratava. Era dramaticamente diferente." Outro membro da CCEE, o dr. Jeffrey Almond, lembra-se do quase pânico que ocorreu: "O ambiente ficou muito tenso. Alguns de nós ficamos verdadeiramente apavorados com o que estávamos vendo. Temíamos que isso talvez indicasse que a EEB era transmissível aos seres humanos."

Pattison marcou outra reunião da CCEE para 16 de março, quando se ampliariam os debates sobre as conclusões. Na ocasião, Will e Ironside tinham um nono caso. A comissão considerou um amplo espectro de providências, desde manter as proibições em vigor até destruir todos os rebanhos ingleses de gado, cerca de dez milhões de animais.

A CCEE voltou a reunir-se, agora também com importantes autoridades governamentais, na terça-feira 19 de março, no Ministério da Saúde, em Whitehall. Will e Ironside tinham o décimo caso a notificar. Todos os dez mostravam a mesma extraordinária patologia. Todos apresentavam o que Gajdusek depois identificou como placas de kuru: as placas floridas não tinham sido observadas na Inglaterra nem no restante da Europa, mas eram sinais característicos do kuru da Nova Guiné. Alguns membros da CCEE estavam em Paris assistindo a uma conferência de cientistas que trabalhavam com a EEB. Stanley Prusiner estava lá, assim como Paul Brown, Joe Gibbs e Jan Fraser. Os cientistas da CCEE precisaram sair das reuniões para participar, por uma linha aberta de telefone, das discussões em Londres. O debate prosseguiu até a meia-noite. A CCEE concluiu suas recomendações na manhã seguinte. Elas incluíam a destruição de todas as cabeças de gado inglesas com mais de trinta meses de idade.

A linguagem dos relatórios médicos é impessoal. Os dez "casos" diferentes da DCJ eram seres humanos e as pessoas

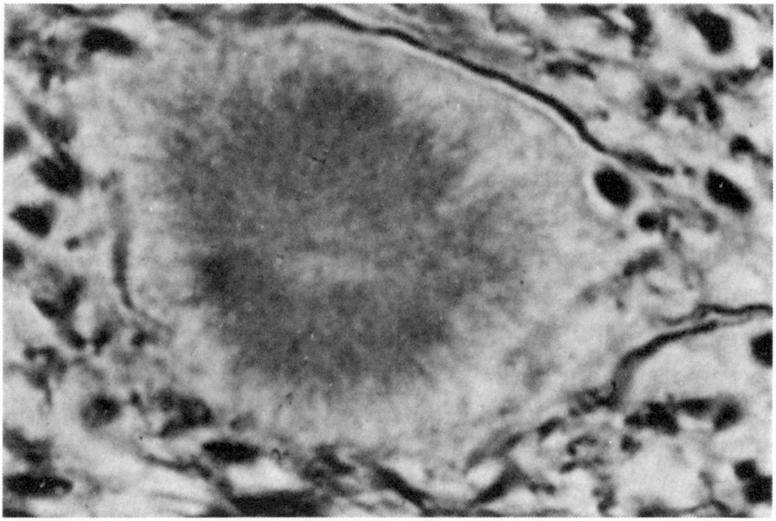

Placa amilóide florida (placa de kuru).

que os amavam sofriam com sua perda. Uma das vítimas era Vicky Rimmer, de 18 anos e já mal conseguindo se agarrar à vida. ("Ela está cega" – angustiava-se a avó – "e não se mexe nem engole. Estou vivendo um inferno, vendo-a assim todos os dias.")

Outro caso foi o do estudante que se declarou "biruta". Seu nome era Peter Churchill. "Cerca de quatro meses antes de morrer" – disse a mãe aos entrevistadores –, "ele começou a cambalear e isso me lembrou as imagens das vacas nos noticiários. Comentei o fato com meu marido e levantei a hipótese de que nosso filho estivesse com o mal da vaca louca. Ele disse que 'não, não pode ser, é ridículo demais'. Então, descartei essa possibilidade."

Outra vítima foi Jean Wake, dona de casa de 38 anos, que já havia trabalhado como cortadora de carne numa fábrica de pastéis. Depois que ela morreu, em 1995, sua mãe escreveu ao primeiro-ministro John Major, indagando-lhe se a morte poderia estar ligada ao mal da vaca louca. Major respondeu: "Quero deixar bem claro que os seres humanos não são contaminados pelo 'mal da vaca louca'."

Um outro caso foi o de Michelle Bowen, de 29 anos, mãe de dois filhos, que havia trabalhado num açougue. Em estado de coma, três semanas antes de falecer, deu à luz o segundo filho, que recebeu o nome de Anthony em homenagem ao pai. "Ela nem sabia que dia era" – foi o comentário amargo do marido –, "quanto mais que havia dado à luz. Quero que o mundo saiba disso e veja sua foto. Minha mulher está morta. Agora precisamos esperar para ver se Tony vai sofrer do mesmo problema."

Outra vítima foi Maurice Callaghan, 30 anos, de Belfast. Alguém no cemitério onde ele ia ser enterrado entrou em pânico e conseguiu roupa protetora e luvas de borracha para os coveiros.

A adolescente muçulmana de 17 anos não foi incluída entre os dez casos e quatro dos mortos não foram identificados além das idades e do sexo: três mulheres, duas com 28 e uma com 29 anos, e um homem de 31 anos que, assim como Vicky Rimmer, ainda não havia falecido.

O último caso a ser incluído foi o de Peter Hall, um estudante de 20 anos que quando adolescente gostava de hambúrgueres, mas se tornara vegetariano. Ele morreu em fevereiro de 1996. "Foi a coisa mais cruel de presenciar" – disse sua mãe referindo-se à doença –, "foi como se a infância estivesse se desenvolvendo ao contrário." Seu pai recordou que "logo que se descobriu a EEB desisti de comer carne bovina porque desconfiei que alguma coisa assim pudesse acontecer. Porém nem nos meus piores pesadelos imaginei que a doença fosse atacar logo alguém de nossa família."

Robert Will declarou a um jornal de Londres a respeito desses dez casos que "o tecido cerebral das vítimas apresentava um padrão de doença característico, mais semelhante ao dos danos provocados pela EEB no cérebro de uma vaca do que aos danos que a DCJ normal causa aos seres humanos."

Na reunião da CCEE de 19 de março, membros mais antigos do gabinete britânico tentaram impedir a divulgação da nova variante da DCJ, argumentando que os cientistas poderiam estar errados. Stephen Dorrell, secretário de Estado de Saúde, insistiu em que o povo fosse avisado. Na quarta-feira, 20 de março, ao discursar na Câmara dos Comuns, Dorrell informou à nação estarrecida que a EEB provavelmente se havia disseminado entre pessoas que comiam carne bovina.

Tudo era possível...

13

É o kuru, exclusivamente o kuru

Stetsonville, Wisconsin, 1985/A Grã-Bretanha e o Mundo, 1996-20??

O ANÚNCIO FEITO por Stephen Dorrell no Parlamento de dez casos da doença de Creutzfeld-Jakob atribuídos à ingestão de carne bovina contaminada produziu manchetes em escala de guerra mundial na Inglaterra e na Europa. Mais escolas inglesas eliminaram a carne bovina de suas cantinas. As vendas de carne bovina despencaram até que as cadeias de supermercados reduziram os preços em 50 por cento; depois disso, três em cada quatro fregueses recomeçaram a comprar carne bovina. ("Adoro o gosto de carne" – declarou uma distinta senhora londrina a uma equipe de televisão – "e só compro os cortes mais caros.") A União Européia (UE) bloqueou as importações inglesas não só de carne bovina mas também de muitos de seus derivados, incluindo, pelo menos temporariamente, produtos com gelatina e sebo, como doces, biscoitos, batons e remédios para tosse. Muitas decisões da UE requerem unanimidade e o governo conservador de John Major retaliou contra a proibição de carne bovina ao se recusar a concordar com outras medidas de influência nos demais países. O impasse persistiu durante semanas.

Voei até Londres no início de abril de 1996, poucos dias após o anúncio de Dorrell, e fiquei perplexo ao ver as palavras "doença de Creutzfeldt-Jakob" em cartazes de propaganda nas vitrinas da McDonald's, explicando por que a cadeia de refeições rápidas não mais servia carne bovina inglesa. A decisão da McDonald's de trocar para carne bovina holandesa em seus 660 pontos de venda custaria à indústria pecuária inglesa US$37,5 milhões no ano, mas não ficou claro por quanto tempo mais se poderia considerar livre de riscos a carne bovina européia. Em seguida ao anúncio de Dorrell, o serviço francês de saúde pública revelou que um francês de 27 anos da cidade de Lyons morrera em janeiro com lesões idênticas às dos dez casos ingleses de variedades da DCJ. Até a proibição da UE, a França importava 88 mil toneladas de carne inglesa anualmente, além de gado em pé. A farinha inglesa de carne e ossos fora vendida liberalmente para a Europa até 1988 e havia provas de que depois dessa data fornecedores britânicos haviam descarregado ilegalmente centenas de milhares de toneladas de produtos contaminados. ("Atormentei nosso veterinário-chefe" – confessou um veterinário britânico – "dizendo que identificar um alimento envenenado e exportá-lo era simplesmente imoral. Ele, porém, me colocou no meu lugar e afirmou que cabia aos países importadores verificar todas as garantias necessárias.")

Somente os embarques para a Europa de gado de raça pura para criação totalizaram 57.900 cabeças entre 1985 e 1990. O jornal londrino *Sunday Telegraph* descobriu que mais de 100 mil bezerros exportados para a França pela

Inglaterra em 1995 nunca foram abatidos. O jornal informou que, em vez disso, "eles foram ilegalmente misturados a rebanhos na França, Itália, Espanha e Holanda, criados até ficarem adultos e sua carne está sendo vendida." Não é preciso dizer mais nada quanto à carne holandesa. O Ministério da Agricultura Britânico comentou secamente que empresas como a McDonald's, que estavam importando carne bovina do exterior, talvez estivessem, afinal de contas, recebendo produtos ingleses.

Essas exportações legais e ilegais de animais e farinha de carne e ossos lançaram suspeitas sobre as estatísticas européias a respeito da EEB. Todos os países da UE juntos só haviam notificado cerca de 400 casos de EEB desde o surto inglês; os estatísticos argumentaram, baseados na experiência inglesa, que o total deveria certamente superar os 2 mil casos. Muitas nações européias abateram um rebanho inteiro com pouca ou nenhuma compensação quando apareceu um caso de EEB, o que desencorajou os fazendeiros a notificarem outras possíveis ocorrências. "Na França existe uma coisa chamada doença do trator" – me informou Hugh Fraser com expressão de desagrado, quando o entrevistei em Edimburgo. – "Quando recebem uma vaca doente com a EEB, simplesmente compram um trator, cavam um buraco e a enterram." Um perito rebateu que a baixa incidência da EEB no gado europeu indicava que possivelmente a farinha inglesa de carne e ossos contaminada deve ter sido dada a porcos e aves.

Um veterinário holandês, conhecedor das picaretagens no porto de Amsterdam, insinuou que parte do produto talvez tivesse também sido reembalada e reexportada para a Grã-Bretanha. Ao reconhecer o inevitável, a Federação de Veterinários da Europa admitiu em junho que a EEB se tornara um problema não apenas britânico, mas europeu. Um estudo inglês divulgou que os registros de importação e exportação nas fábricas de processamento de carne eram tão precários quanto os métodos ingleses para desativar o agente da EEB.

A carne contaminada pela EEB não era a única ameaça à saúde humana. A CCEE reconheceu, logo após o anúncio de Dorrel, que também estava preocupada com a contaminação da carne de cordeiros e carneiros pela EEB. O *scrapie* natural não ultrapassava a barreira das espécies para contaminar seres humanos, mas carneiros e vacas haviam sido alimentados com farinha de carne e ossos contaminada com restos de gado atacado pela EEB. Nas experiências de laboratório, o agente da EEB se havia mostrado capaz de infeccionar carneiros e gado bovino e, quando o tecido de carneiro contaminado foi dado a camundongos, estes desenvolveram lesões típicas da EEB e não do *scrapie*. A CCEE perguntava-se se a carne contaminada com EEB causava variantes da DCJ no homem, por que a carne de cordeiros e carneiros não poderia provocar o mesmo efeito. A EEB talvez também se disseminasse em linha horizontal e materna em carneiros, como ocorria com o *scrapie*, tornando impossível sua erradicação. Em julho, sob pressão da UE, o Ministério da Agricultura Britânico se sentiu obrigado a acrescentar miolos de carneiros, bodes e veados, colunas vertebrais e baços à sua lista de miúdos de comercialização proibida. O ministro da Agricultura britânico, Douglas Hogg, informou ao Parlamento que o risco de infecção era meramente teórico, mas mencionou uma transmissão experimental da EEB a um de seis carneiros alimentados com cérebro contaminado pela doença.

A rede pegou presas mais terríveis. Em abril o governo suíço confirmou que duas clínicas de Zurique se vinham desfazendo de placentas humanas – presumivelmente de abortos – entregando-as num depósito de esfoladores de animais domésticos, onde eram misturadas a restos de animais e incorporadas à farinha de carne e ossos que acabava sendo dada a porcos e galinhas suíços. Centenas de placentas tinham sido comercializadas.

O departamento veterinário do cantão de Zurique se comprometeu a sustar imediatamente essa atividade e a estudar ações judiciais contra os envolvidos.

Eu estava em Londres quando minha filha Kate, que é bióloga molecular, me telefonou de San Diego. Ela havia visto Carleton Gajdusek na televisão, e queria me avisar que ele fora preso. (Quando voltei para os Estados Unidos, os colegas de Gajdusek haviam hipotecado suas casas para poder pagar a fiança de 350 mil dólares. Um dos muitos jovens que o cientista trouxera para os EUA e fizera tudo para educar, inclusive se empobrecendo, um micronésio de 23 anos, acusara-o de forçá-lo, quando ele era um adolescente, a manter relações sexuais. Como o rapaz havia sido um atleta campeão no ginásio, os que o conheciam acharam difícil acreditar na acusação. Também tinha havido acusações federais, com base em denúncias anônimas, de irregularidades fiscais. Isso foi investigado e julgado improcedente, mas Gajdusek acabou precisando negociar um acordo sobre as acusações sexuais, que incluía permanecer algum tempo na prisão. Por mais perturbadora que fosse sua vida pessoal, a autoridade como cientista, porém, jamais foi posta em dúvida.)

Os suíços haviam oficialmente reconhecido 233 casos de EEB em seus rebanhos, quarenta só em 1996, o que significava o maior número de casos fora da Inglaterra (a Suíça não é membro da UE). Quando o governo suíço anunciou, durante o ano, que para restaurar a confiança do consumidor na carne suíça destruiria cerca de 230 mil cabeças de gado nascidas antes que banisse o farelo de carne e ossos em novembro de 1990, prejudicou muito sua credibilidade ao anunciar também que o refugo desses animais seria transformado em farinha e dado aos porcos. Evidentemente, os porcos seriam exportados: as duas maiores cadeias suíças de supermercados divulgaram ao mesmo tempo que deixariam de vender carne de qualquer espécie alimentada com ração de proteína animal.

Em junho, pesquisadores franceses e ingleses relataram haver conseguido contaminar macacos resos com a EEB e que as lesões resultantes se pareciam com as novas variantes da DCJ (DCJv), com placas floridas do kuru rodeadas por halos com orifícios.

"É o primeiro e fortíssimo argumento experimental" – disseram os pesquisadores franceses à mídia – "a confirmar um vínculo" entre as duas doenças. A transmissão da EEB a símios, informou no mesmo mês a *Nature*, dava evidências adicionais de um elo: "A 'assinatura' patológica do agente da EEB em símios é idêntica à da DCJv nos humanos." Não foram observadas placas de kuru nos dois símios inoculados ao mesmo tempo com a DCJ esporádica. Ao interpretar esses resultados, um neuropatologista suíço achou "desconcertante" o fato de que as modestas quantidades de tecidos injetadas diretamente nos cérebros dos símios com DCJv fossem "bem do tipo dos tecidos cerebrais presentes em produtos comerciais alimentícios para consumo humano até alguns anos atrás". Podemos supor, observou o neuropatologista, "que a via oral de administração será consideravelmente menos eficiente". Entretanto, os seis carneiros mencionados por Douglas Hogg tinham sido cada um alimentados com apenas 500 miligramas de extrato cerebral e o fato de que uma dose oral tão pequena tenha contaminado com a EEB um dos animais não era razão para otimismo.

Tampouco era otimista uma pesquisa inglesa, divulgada em agosto, confirmando que a EEB se transmitia da vaca ao bezerro. O estudo de sete anos encontrou uma proporção de transmissão materna de somente 10 por cento. Douglas Hogg alertou a mídia para "não exagerar a relevância dessa informação". O ministro da Agricultura disse "não haver motivo para alterar as recomendações sobre o leite, a carne, o sangue ou quaisquer outros produtos permitidos atualmente". Um grupo de cientistas de Oxford, do Laboratório Veterinário Central do Ministério da Agricultura, de Compton e da Universidade do Colorado analisou a epidemia de EEB à luz do novo estudo e concluiu que a infecção de gado por EEB "já havia ultrapassado em muito seu ápice e estava em fase de rápido declínio. Estima-se que novas infecções por ração contaminada serão quase inexistentes no final de 1994 e todos os novos casos da doença serão por transmissão materna. Entretanto, os números são modestos, e essa via de infecção por si mesma não pode manter a epidemia." Os cientistas previram ser "provável que a epidemia chegue perto da extinção no ano de 2001, na ausência de refugos".

O governo britânico abateu 257 mil cabeças de gado com mais de trinta meses de idade desde o anúncio, em março de 1996, de uma ligação entre a EEB e a DCJv em seres humanos; um programa secundário para separar os rebanhos mais atingidos de cerca de 127 mil animais ainda mais jovens estava também programado para começar em breve. Depósitos autorizados a eliminar os animais não tinham conseguido dar conta do recado, fazendeiros haviam sido forçados a desperdiçar ração valiosa para manter animais que seriam destruídos e a Inglaterra estava quase sem espaço nos frigoríficos para guardar os refugos não processados. O abate não tinha qualquer base científica oficial; tinha sido proposto à União Européia e por ela aceito com um argumento de relações públicas: "restaurar a confiança pública na carne bovina". Após uma reunião de emergência do gabinete no final de setembro de 1996, John Major citou "as novas provas científicas" como apoio para anunciar que a Inglaterra suspenderia o abate do gado mais velho e só começaria a selecionar reses mais jovens depois de uma avaliação adicional. Douglas Hogg enfrentou de modo franco os representantes dos fazendeiros na UE, e lhes disse que um estudo mostrava que "a EEB vai extinguir-se de qualquer maneira no ano 2000 ou 2001" e que nenhum abate ou escolha de gado "faria diferença substancial no ritmo do declínio".

Nesse meio tempo, o sitiado governo inglês, incitado pela reação popular e da UE às suas revelações de março sobre a DCJv, trancou suas informações a sete chaves. Vários pesquisadores me disseram ter sido ameaçados de processo pela Lei de Segredos Oficiais se revelassem informações publicamente. O estudo citado por Major para justificar a suspensão do programa de abate utilizara estatísticas do Ministério da Agricultura anteriormente confidenciais para chegar a suas conclusões otimistas. Contudo, no outono de 1996 divulgou-se a informação na comunidade científica de que o estudo da transmissão materna no qual se basearam parcialmente aquelas conclusões foi malfeito e que a *Nature* se havia recusado a publicá-lo. Os bezerros focalizados no estudo – alguns, filhos de vacas com EEB, outros de vacas não visivelmente contaminadas – tinham sido alimentados com dietas talvez contaminadas por EEB ou *scrapie*. As vacas e os bezerros supostamente submetidos ao "controle" de saúde vinham das mesmas fazendas e rebanhos que os animais doentes e, portanto, não estavam absolutamente livres da enfermidade. Dessa forma, o estudo – que custou seis milhões de libras – não provava nem refutava a transmissão materna e certamente não tinha como determinar o ritmo de diminuição da doença. Tampouco a transmissão horizontal da EEB estava excluída. O estudo depreciava a infecção de animal para animal, assegurando que "não existe prova que fundamente a teoria de que o agente da EEB possa ser transmitido horizontalmente por meio de contato íntimo entre animais suscetíveis e contaminados ou através de pastagens contaminadas", mas reconhecia que "essa alternativa não pode ser descartada, em razão das provas em grupos de casos em rebanhos específicos". Havia abundante comprovação sugerindo transmissão materna e horizontal nas estatísticas epidêmicas: de acordo com o Ministério da Agricultura Britânico, 28.402 animais nascidos após a proibição de rações de ruminantes haviam adoecido com EEB. Richard Lacey e um colega já haviam também notificado provas de transmissão paterna via sêmen.

O estudo estimou que mais de 700 mil cabeças de gado contaminadas pela EEB fizeram parte da provisão de alimentos humanos na Inglaterra até o final de 1995. Isso era mais de 2 por cento dos quase três milhões de reses que a Inglaterra abatia anualmente: um em cada cinqüenta animais. Como resultado, quantas pessoas se teriam contaminado? Ninguém sabia, e as estimativas variavam enormemente. Da mesma forma que o Ministério da Agricultura restringiu o acesso a seus estudos e estatísticas animais, também Robert Will, da Unidade de Vigilância da DCJ, limitou as informações sobre suas investigações em andamento sobre novos casos suspeitos de DCJv. Mais um caso inglês foi diagnosticado retroativamente depois do anúncio de Dorrell em março. Porém, quando cientistas franceses notificaram outros dois casos altamente suspeitos com franceses, na primavera de 1996, Will recusou-se a retribuir com dados sobre outros casos ingleses que ele pudesse estar pesquisando. Contudo, alguém "vazou" a informação: o *Sunday Times* de Londres informou em junho que, além de onze casos já confirmados na Inglaterra e de um na França, a Unidade de Vigilância da DCJ estava investigando mais cinco casos suspeitos no verão de 1996.

Carleton Gajdusek me telefonou em meados de julho, apavorado: "Eles não têm a menor idéia da causa dos casos humanos" – disse. – "É o kuru, exclusivamente o kuru, e qualquer espécie animal pode ser o transmissor: vacas leiteiras, gado de corte, porcos, frangos. É preciso que eles avaliem os riscos e o tratem de forma realista. Todos os porcos da Inglaterra são alimentados com essa farinha de carne e ossos. A doença só não surgiu em porcos porque não se mantêm esses animais vivos durante sete ou oito anos; eles são mortos com dois ou três anos no máximo. Quando mantivemos porcos que havíamos inoculado durante oito anos em nosso laboratório, eles foram atacados pelo *scrapie*. Provavelmente todos os porcos da Inglaterra estão contaminados. E isso não quer dizer apenas a carne de porco que você come. Significa também a sua carteira de couro de porco. Quer dizer também a sutura cirúrgica, porque é feita de tecido de porco. Todos os frangos alimentados com farinha de carne e ossos também estão provavelmente contaminados. Você dá esse troço a um frango e ele vai direto para o organismo. Um vegetariano poderia ser contaminado por causa da titica de galinha que se põe nos legumes. A doença poderia estar no sebo, na manteiga – com os diabos, como é que esperam que eu avalie o poder de infecção da manteiga? Ninguém no mundo sabe como fazer isso. As pessoas que adoeceram com a DCJ doaram sangue. O agente está indubitavelmente no estoque de sangue. A resposta nesse caso é: parem de dar sangue a quem não precisa mesmo dele. Bob Will e aquele outro pessoal não sabem nada sobre a origem da doença. Mas lhe digo uma coisa: se surgir num guri com menos de 15 anos, é kuru. E, a propósito, o agente pode estar no leite. Isso tampouco foi excluído."

Se os novos casos franceses e ingleses fossem confirmados, o total aumentaria para dezoito casos em igual número de meses. O que era realmente terrível é que um período mínimo incubatório de dez anos – o que é uma estimativa razoável – faria a origem desses casos remontar ao começo da epidemia de EEB, quando era pequeno o número de animais contaminados que participavam do estoque de alimentos humanos. Isso implica que poderia haver muito mais mortes em razão da exposição humana crescente à carne bovina infectada no final da década de 80. Em outubro de 1996, a DCJ variante foi diagnosticada em uma inglesa de 33 anos, elevando para treze o número de casos confirmados. A décima-quarta vítima foi acrescida à lista alguns dias depois, quando o Hôpital Neurologique de Lyon notificou que um dos dois casos franceses suspeitos, de uma mulher de 52 anos da cidade de Savoie, que morreu em agosto de 1995, apresentou patologia da DCJ variante. Para terminar um mês lúgubre, o dr. John Collinge, neurologista do Hospital St. Mary's de Londres, e colegas, incluindo James Ironside, relataram na *Nature* que a assinatura molecular da EEB no gado combinava com a assinatura molecular da DCJ variante: "A nova variante da doença de Creutzfeldt-Jakob" – divulgaram os pesquisadores – "tem características de variedades distintas de outros tipos da DCJ, que lembram as da EEB transmitida a camundongos, gatos e símios domésticos, o que é consistente com o fato de a EEB ser a fonte dessa nova doença."

Pelo menos um dos casos suspeitos no arquivo reservado de Robert Will era parte de um grupo de quatro pacientes em East Kent, onde em 1985 o veterinário Colin Whitaker descobrira a primeira vaca infeccionada pela EEB. Dois dos quatro pacientes do grupo já haviam morrido. O dr. Mathi Chandrakumar, do Departamento de Saúde de East Kent, avaliou de modo pessimista o significado do grupo de casos: " A incidência anual de DCJ no mundo inteiro" – declarou à televisão inglesa – "é aproximadamente de um caso numa população de um milhão. Portanto, na população de quase 250 mil habitantes, incluindo as áreas de Ashford e Canterbury, eu esperaria haver um caso a cada quatro anos mais ou menos. Entretanto, tivemos quatro casos em um só ano. Esse talvez seja apenas um dos muitos grupos de doentes sob supervisão, dos muitos mais que virão." Jeffrey Almond, da CCEE, admitiu que "existe a possibilidade de ocorrerem ainda mais casos. Esperamos desesperadamente que isso não aconteça, mas devemos reconhecer que é possível".

Quando entrevistei Richard Lacey na estufa banhada de sol em sua casa no interior, na periferia de Leeds, no final de um caminho estreito, perguntei-lhe qual seria a pior perspectiva da doença. Ele salientou que casos de gente mais jovem com menor período de incubação haviam surgido primeiro, da mesma forma que ocorrera entre os fores. Esse paralelo o levara a pesquisar o kuru como exemplo. Com o kuru, a fonte de infecção desapareceu abruptamente quando os fores desistiram do canibalismo. Como resultado, a incidência dos casos havia diminuído, mesmo quando os períodos de incubação aumentaram. Em 1996, menos de seis fores adoeciam anualmente com o kuru, após um período incubatório de mais de quarenta anos.

Lacey ressaltou que com a EEB não havia certeza de que a fonte infecciosa fora eliminada; na verdade, existiam provas de que animais continuavam a ser contaminados pela doença e havia todas as razões para desconfiar que animais que estavam incubando a EEB continuavam a fazer parte do estoque de alimentos humanos. Ele temia que as conseqüências pudessem ser terríveis para os ingleses, como haviam sido para os fores. Lacey me disse, sombrio, que "se a média do período de incubação da DCJ nos humanos for de 25, talvez 30 anos, o ápice da epidemia humana será por volta do ano 2015. Se os atuais números de casos de variedades da DCJ aumentarem em 50 por cento ao ano, como bem poderia suceder, isso elevaria o total para cerca de 200 mil casos anuais naquela altura." Ele se referia a casos *humanos*, o que representaria 200 mil mortes *por ano*.

...

Em 1989, para evitar a disseminação da EEB nos Estados Unidos, o Departamento de Agricultura Norte-americano proibiu a importação de gado e de ruminantes de zoológico da Inglaterra. O governo encontrou 499 animais disponíveis, importados antes da proibição. Todos foram mantidos em quarentena. Duas associações americanas de processamento animal pediram voluntariamente a seus membros, em 1989, que parassem de trabalhar com carneiros americanos mortos ou doentes. Em 1990, o departamento deu início a uma vigilância ativa da EEB, examinando anualmente os cérebros de várias centenas de reses prostradas, em busca de sinais de encefalopatia espongiforme. Em 1992, a Food and Drug Administration pesquisou as práticas de processamento animal e verificou, segundo relatório de um veterinário, que "a proibição voluntária da indústria de processamento animal não estava totalmente implementada, pois 6 das 11 fábricas que processam carneiros adultos com cabeças estão vendendo subprodutos de proteínas processadas a produtores de gado de corte". A preocupação da FDA com o processamento dos carneiros refletiu a suposição de que a EEB se originasse do *scrapie* – a suposição não confirmada que também orientou erradamente os esforços ingleses. Em 1993, a FDA enviou cartas aos fabricantes de remédios, suplementos dietéticos, produtos animais e outros artigos, instando-os a só utilizar em seus produtos derivados de gado de países onde a EEB não se houvesse manifestado. Em 1994, ainda dando caça à doença do *scrapie*, o Departamento de Agricultura propôs a proibição de miúdos de carneiro nas rações animais, porém o setor agrícola dos EUA contestou a proibição, alegando que o procedimento seria muito oneroso, e ficou por isso mesmo.

Em razão do anúncio de Stephen Dorrell em março de 1996 de um possível vínculo entre a EEB e a nova variante da DCJ, o Departamento de Agricultura ordenou que os 116 animais ainda vivos importados da Inglaterra fossem exterminados. A FDA divulgou em maio que estabeleceria normas para evitar a propagação da EEB no gado americano. A indústria de gado e grupos de veterinários concordaram em instituir uma proibição voluntária à alimentação de ruminantes com proteínas de ruminantes, mas nenhum sistema de inspeção verifica o cumprimento dessa determinação. Os Centros de Controle de Doenças dos EUA iniciaram uma vigilância piloto da DCJv nos cinco estados onde programas sobre o surgimento de doenças infecciosas já estavam em vigor. O governo decidiu examinar mais cérebros de reses mortas; no final de 1996, o total desde o começo do programa em 1990 alcançou 3.200. Nenhum desses cérebros apresentava lesões típicas da EEB, mas representavam apenas uma amostra marginal das cerca de 100 mil cabeças de gado morto processadas anualmente nos EUA. Não obstante, numa reunião patrocinada pelo governo na esteira do anúncio de Dorrell, na qual participaram setenta técnicos americanos em saúde animal e pública, as autoridades se declararam satisfeitas por julgar adequadas as medidas de proteção. O grupo expressou satisfação baseado em dois fatos: a EEB não fora nunca identificada nos EUA, e a incidência anual da DCJ se mantinha estável em cerca de um caso por milhão de habitantes desde 1979, além de que as mortes entre pessoas com menos de 30 anos eram extremamente raras.

Um técnico, porém, discordou dessa avaliação otimista: o dr. Richard F. Marsh, da Universidade de Wisconsin, em Madison. Marsh declarou ao *New York Times* que "o fato de não termos nenhum caso notificado de encefalopatia espongiforme bovina neste país dá uma sensação falsa de segurança porque não se baseia em exames suficientes. Se algum dia o mal da vaca louca chegar aos Estados Unidos, teremos o mesmo tipo de reação que houve na Inglaterra." Marsh, que chefia o departamento de saúde animal e ciências biomédicas em Madison, tinha motivo para questionar a complacência do governo americano. Ele era profundo conhecedor da encefalopatia transmissível de martas (ETM) e pesquisara um surto em 1985 que acreditava só pudesse ser atribuído ao fato de tais animais terem sido alimentados com carne de gado morto.

"Em abril de 1985" – escreve Marsh – "um criador de martas de Stetsonville, Wisconsin, informou que muitos de seus animais estavam 'se comportando estranhamente', e alguns haviam morrido. Nessa ocasião, visitamos a fazenda dele e constatamos que aproximadamente 10 por cento das martas adultas mostravam sinais típicos da ETM: início insidioso da doença, caracterizado por súbitas mudanças comportamentais, perda dos hábitos normais de limpeza, pois evacuavam em todo o cercado e não numa única área, hiperexcitabilidade, dificuldade de mastigar e engolir e caudas arqueadas sobre as costas como esquilos." Seguia-se uma deterioração progressiva, com perda de coordenação, "longos períodos de sonolência nos quais o animal doente ficava com a cabeça imóvel, no canto da jaula", e fraqueza crescente que conduzia à morte. Sessenta por cento de todo o rebanho reprodutor de Stetsonville de 7.300 animais adultos adoeceu e morreu. Exames neuropatológicos confirmaram a ETM.

Em razão de surtos anteriores da ETM terem sido atribuídos a ração contaminada, Marsh interrogou minuciosamente o fazendeiro. O cientista de Wisconsin relata que "ele usava fontes comerciais de peixes, aves domésticas e cereais. A maior parte da carne fresca da ração provinha de gado leiteiro morto ou doente, apanhado num raio de 50 milhas do rancho de martas, e devolvido para processamento (abate, carneação, moagem e congelamento da carne); alguns cavalos haviam sido usados. *As martas não foram nunca alimentadas com produtos ovinos*, nem as rações eram suplementadas com farinha de carne e ossos."

Marsh jamais conseguiu infeccionar martas com o *scrapie* de carneiros através da alimentação. Mesmo a inoculação direta do *scrapie* no cérebro produzia a ETM apenas ocasionalmente em uma marta, sem absolutamente a virulência dos surtos do rancho, e o período de incubação era maior. Marsh se perguntou se poderia transmitir a ETM ao gado e do gado novamente às martas. Para descobrir, injetou matéria cerebral de martas de Stetsonville nos cérebros de dois filhotes de seis semanas de touro Holstein. Os dois desenvolveram uma encefalopatia espongiforme fatal um ano e meio após a inoculação. Isso não era nada de extraordinário. Porém, Marsh conseguiu então transmitir a doença dos touros novamente às martas por meio de inoculação direta nos cérebros e também *ao alimentar as martas com tecido cerebral integral.* E o agente da doença que havia sido transmitido pelo gado não era menos mortal que o agente da ETM transmitido diretamente entre martas. "Isso sugere" – relatou Marsh sinistramente – "não existirem efeitos que impeçam a transmissão do mal entre martas e gado." Marsh concluiu que se as martas do rancho em Stetsonville estavam expostas à ETM ao serem alimentadas com gado morto, "deve haver nos Estados Unidos uma doença de gado semelhante ao *scrapie* e ainda não identificada".

Marsh, Bill Hadlow e vários outros pesquisadores resolveram analisar mais profundamente as interações da doença espongiforme nas martas e no gado bovino, após os experimentos de Marsh com os filhotes de touro. Em 1990, Hadlow recuperou do congelador de seu laboratório dois lotes de homogeneizado de cérebro de marta armazenados desde os surtos de ETM de 1963 em Blackfoot, Idaho, e Hayward, Wisconsin. Esses inoculantes de 27 anos produziram uma encefalopatia espongiforme em novilhos castrados exatamente igual à nova doença originada pelo material de Stetsonville. Isso implicava que a mesma variedade fazia parte de todos os três casos, embora tivesse sido coletada em locais distantes no espaço e no tempo. Os danos eram mais extensos do que os verificados pelos ingleses na EEB. "O mal afetava áreas não atingidas pela EEB" – disse-me Hadlow –, "na parte superior do cérebro, bem na frente." Quando Hadlow mostrou seções dos cérebros desses novilhos a um perito inglês em EEB, este achou que os danos se assemelhavam muito mais aos produzidos pela EEB experimental, ou seja, a EEB transmitida por inoculação cerebral, como havia ocorrido com os novilhos, do que pela alimentação. De modo ainda mais nefasto, os animais só mostravam ligeiros sinais da doença durante a maior parte da infecção. Os cientistas concluíram que "apenas nos estágios avançados da doença ela teria sido prontamente notada na prática." Isso queria dizer que a doença só seria percebida nas reses quando elas ficassem prostradas.

Em seguida Hadlow, Marsh e seus colegas transmitiram a EEB vinda de fontes inglesas a martas, por meio da inoculação cerebral direta e também pela alimentação. O *scrapie* não atacara as martas através da alimentação, mas a EEB atacou. A encefalopatia resultante lembrava a doença das martas americanas, mas não era idêntica. O fato sugeria que a variação inglesa da EEB era diferente da americana.

Será o gado americano um reservatório natural para uma variedade americana da EEB? A melhor pergunta talvez seja: se a doença de Creutzfeldt-Jakob ocorre esporadicamente numa pessoa em um milhão no mundo inteiro, não deveria também haver doenças espongiformes esporádicas igualmente raras de outros animais? Um dado intrigante é a recente estimativa baseada na história das irrupções de encefalopatia de martas no Wisconsin – quatro dos cinco casos que ocorreram nos EUA desde 1947. Se toda irrupção de ETM no Wisconsin foi causada pela alimentação com gado morto, então a prevalência da encefalopatia espongiforme nessas reses foi de 1 para 27.500. Extrapolando, temos um caso anual para 975.000 cabeças de gado adulto no Wisconsin, proporção tão impressionante como a de 1 para 1.000.000 da DCJ esporádica.

Já em 1883, um veterinário francês descreveu o que chamou de "um caso de *scrapie* em boi". O aparecimento nos EUA da encefalopatia das martas precedeu a chegada do *scrapie* àquele país, outra indicação de que os carneiros provavelmente não originaram a doença. Em 1980, patologistas da Universidade do Estado do Colorado relataram uma "forma espontânea de encefalopatia espongiforme" que matou 53 veados cativos e um cervo entre 1967 e 1979. A doença foi transmitida experimentalmente a outros veados. Doença parecida surgiu em alces cativos que pastavam perto dos veados, o que sugeria transmissão horizontal. Desde 1992, "essa doença crônica em declínio" foi identificada em veados no Wyoming e em alces na Dacota do Sul. "O ministro da Agricultura odeia que eu diga isso" – contou-me Joe Gibbs –, "mas a encefalopatia espongiforme em veados e alces não me surpreende. Li uma carta de um veterinário do século XVIII a um médico na qual ele descrevia uma doença semelhante ao *scrapie* que atacou veados num parque inglês. Assim, minha teoria é que essas doenças ocorrem espontaneamente na natureza. É um acontecimento raro. Normalmente passaria despercebido, porque ninguém se importa com um coelho com ataxia (isto é, com falta de coordenação) nem com um esquilo ou veado com ataxia. Quando alguém percebe, imediatamente pensa que é raiva e, se não encontra evidência de raiva, não se importa com a aparência do resto do cérebro." Em 1988, Richard Marsh chegou à mesma conclusão sobre a EEB no gado: "Uma vez que essa nova doença bovina surgida na Inglaterra se caracteriza por alterações comportamentais, hiperexcitabilidade e agressividade, é muito provável que seja confundida com a raiva nos Estados Unidos e não seja diagnosticada." Em 1996, Marsh concluiu que "se casos espontâneos de prions podem ocorrer em seres humanos, provavelmente também ocorrem em animais. Normalmente não transmitidos de modo natural, esses incidentes espontâneos podem, não obstante, representar um perigo por meio do ato não natural do canibalismo, como constatado pelo kuru em seres humanos, ou pela intervenção do homem e o fornecimento de proteínas animais a ruminantes."

Existem condições nos Estados Unidos para uma epidemia de uma variedade nativa da EEB. Há cerca de cem milhões de cabeças de gado nos EUA, contra menos de dez milhões na Inglaterra. As indústrias americanas de processamento de carne pegam gado morto, cerca de cem mil reses por ano, e o transformam em farelo de carne e ossos. Os EUA produzem cerca de 3,6 milhões de toneladas dessa proteína animal anualmente (incorporando não só gado morto, mas também refugos de abatedouros), quase dez vezes mais do que produzem os ingleses. No começo de 1997, a indústria pecuária americana alimentou o gado com quase 13 por cento daquela tonelagem, mais ou menos a mesma quantidade que os ingleses oferecem a seu gado. Anteriormente, farelo de carne e ossos havia sido dado mais a gado adulto do que a bezerros – a fim de engordar as reses para a comercialização e as vacas leiteiras para aumentar a produção de leite – mas essa prática estava mudando nos EUA. O gado de corte costuma ser abatido aos dois anos de idade ou até antes, quando poderia estar incubando uma doença espongiforme, mas provavelmente com essa idade não evidenciaria nenhum sintoma. Alimentar os bezerros com suplementos protéicos animais aumenta com o tempo sua exposição a quaisquer agentes endêmicos que possam estar ocultos na ração.

A proteína do gado é reciclada canibalescamente nos Estados Unidos e na Inglaterra. Proteínas de porcos e aves domésticas são também recicladas canibalescamente através desses animais. Os porcos são suscetíveis a doenças espongiformes que incluem a ETM. Os frangos talvez o sejam também: seus cérebros produzem uma forma de PrP e pesquisadores ingleses que inocularam EEB experimentalmente em frangos relataram em 1991 haver encontrado orifícios no cérebro de um dos frangos, mas não fibrilas associadas ao *scrapie*. Mais perturbadora é a possibilidade aventada por Gajdusek de que a farinha de carne e ossos, ao atravessar o intestino sem que haja alteração no poder infeccioso da EEB, possa contaminar os legumes orgânicos para os quais é comumente utilizada como fertilizante; isso poria em risco até mesmo os vegetarianos.

Chegará a EEB à América? A resposta parece ser: ela já está aqui, na sua forma nativa, uma infecção de baixo nível que o canibalismo industrial poderia expandir a uma escala epidêmica. Continuamos a alimentar nosso gado com farelo de carne e ossos. E estima-se que 70 milhões de americanos comam carne bovina todo dia.

Richard Lacey é de opinião que seus conterrâneos deveriam abater todos os rebanhos, todos os dez milhões de cabeças de gado da Grã-Bretanha, e desistir de comer carne bovina. Se fizessem isso, possivelmente teriam de abater também seus rebanhos de carneiros. Nenhuma das hipóteses é provável, a não ser que ocorra uma nova praga da DCJv.

Uma reportagem no *Observer* de Londres, publicada dias após o anúncio no Parlamento, em março de 1996, da transmissão humana da EEB, imaginou a perspectiva mais pessimista, dentro de vinte anos:

> Dia 20 de março de 2016. Atualmente, a Clínica Nacional Britânica de Eutanásia trabalha febrilmente horas extras, lutando para ajudar 500 pessoas por semana a morrer dignamente antes que uma doença cerebral as prive da razão e do autocontrole. Esta nação, cujos líderes passaram uma década negando o fato, encontra-se de quarentena. O mundo há muito evita contato com uma população da qual meio milhão de pessoas por ano sucumbe à doença de Creutzfeldt-Jakob, uma enfermidade neurológica fatal disseminada no final do século XX pela ingestão de produtos de carne contaminada. O Túnel do Canal está bloqueado por oito quilômetros de

concreto francês. O serviço de saúde está paralisado; as transfusões de sangue são impossíveis porque prions não identificáveis contaminam a maioria dos doadores e o esforço excessivo de cuidar de mais de dois milhões de vítimas da DCJ arrasou o pessoal de apoio. A estrutura do país está sendo dilacerada.

É bem possível que a Inglaterra venha a enfrentar essa perspectiva tão lúgubre, embora ainda não se possa determinar quantas pessoas serão contaminadas. O governo inglês, ao fazer as opções erradas de saúde pública, possibilitou uma experiência natural aterradora, permitindo que um agente endêmico letal se espalhasse no estoque de alimentos humanos, expondo à doença toda a população britânica. Existem várias razões para acreditar que essa exposição continue, causada por carne bovina contaminada, e talvez também por carne infectada de cordeiro e de carneiro.

Num nível inferior de risco, a população da Europa está igualmente exposta à EEB. A ausência de mortes pela DCJv fora da França não quer dizer que o resto do continente esteja livre da infecção humana; as mortes francesas indicam tão-somente que a exposição começou antes naquele país. Tampouco o número limitado de mortes pela DCJv identificado até agora oferece alguma base para avaliar a futura amplitude da infecção pela DCJv. Isso depende da virulência do agente endêmico. A facilidade com que a EEB atravessa as barreiras das espécies e o fato de que o mal seja facilmente transmissível por via oral em pequenas doses sugerem que a variedade talvez seja excepcionalmente virulenta.

É provável que atualmente os Estados Unidos não corram risco de que a variedade *inglesa* da EEB chegue ao país. Essa é uma boa notícia. Entretanto, as normas de alimentação de gado põem a população dos EUA em risco quanto a uma variedade *nativa* da EEB, que se poderia disseminar rapidamente através de rações contaminadas dadas aos rebanhos e infeccionar os seres humanos tal como ocorreu com a EEB inglesa. Nesse caso os americanos enfrentariam a mesma perspectiva dos britânicos: a de uma praga de doença cerebral fatal, que poderia dizimar por ano centenas de milhares de homens, mulheres e, especialmente, crianças.

E quanto ao resto do mundo? Se as EET ocorrem esporadicamente na espécie animal, como a DCJ nos homens, nenhuma população de qualquer país do mundo que coma carne bovina está inteiramente livre de risco.

As ocorrências da maioria das doenças epidêmicas continuam a declinar a cada década nas nações industrialmente avançadas. Nos EUA, por exemplo, à exceção da AIDS, a maior parte das doenças que os médicos são obrigados a notificar aos Centros de Controle de Doenças, isto é, encefalite eqüina, brucelose, difteria, gonorréia, hepatite B, sarampo, cachumba, poliomielite, rubéola e sífilis, dentre outras, diminuiu ou foi erradicada. A taxa de mortalidade na cidade de Nova York no começo do século XX era comparável à taxa atual de mortalidade em Bangladesh, mas poucas pessoas nos EUA ou na Europa têm conhecimento pessoal das mais antigas doenças fatais da humanidade: peste bubônica, varíola, cólera, malária. Boa nutrição, melhores condições sanitárias e higiênicas, e novas vacinas limitam o risco dessas infecções.

Contudo, a calamidade inglesa com a EEB não significou uma volta às condições antigas ou simples falta de sorte. Decorreu em parte do pernicioso e difundido fanatismo antigovernamental profundamente corrompido que se apossou da Grã-Bretanha e dos EUA nas duas últimas décadas, a mesma mentalidade ignorante que determina seja negado tratamento médico aos imigrantes quando eles adoecem.

Nada existe de inerentemente errado em industrializar a agricultura, em criar frangos, porcos e outros animais comestíveis sob condições de controle, *se* essas condições forem cuidadosamente organizadas para limitar as doenças e proteger a saúde pública. Afinal de contas, os seres humanos escolheram viver sob condições controladas. Progredimos quando temos um teto sobre nossas cabeças e um fornecimento saudável de alimentos, assim como os animais criados em confinamento em fazendas, que contraem menos doenças e sobrevivem até a maturidade em maior número que seus semelhantes que vivem soltos em pastagens naturais. Entretanto, ovos e carne de frango contaminados com salmonela, hambúrguer e suco de maçã envenenados com a mortal bactéria *E. coli* e carne bovina contaminada com EEB evidenciam falhas de inspeção, supervisão e política do governo.

Até 1995, a inspeção de carne nos EUA pouco havia mudado desde as reformas decorrentes do relato ficcional *The Jungle*, escrito por Upton Sinclair em 1906. Mesmo com a aprovação em 1995 de um avançado sistema de inspeção de carne, que pela primeira vez incluiu testes laboratoriais, o radical Congresso republicano, sob a liderança de Newt Gingrich e Bob Dole, recusou-se a isentar a medida das chamadas provisões reguladoras, retardando e limitando seu efeito. O Congresso mostrou-se visivelmente mais interessado nas margens de lucro da indústria de carnes do que na proteção ao consumidor.

A calamidade inglesa torna sombriamente evidente que o canibalismo *high-tech* da reciclagem de proteínas animais pode causar a disseminação da doença letal. Essa prática se mantém nos Estados Unidos pela mesma razão por que continua na Inglaterra, mesmo à medida que aumentam as mortes: porque a indústria de carnes e seus aliados no governo estimam o risco de forma diferente dos cientistas e médicos, que são os maiores conhecedores das encefalopatias espongiformes transmissíveis.

Os EUA ainda têm uma possibilidade de evitar uma epidemia de EEB. A FDA deu um passo encorajador nessa direção no início de 1997, quando seu diretor, dr. David Kessler, anunciou que a agência estudava a proibição de alimentar ruminantes com proteínas de ruminantes. Essa iniciativa deu início a um período de 45 dias de debates públicos, após o qual esperava-se que a proibição entrasse em vigor. A indústria americana de processamento animal imediatamente reclamou que a FDA estava reagindo de forma exagerada. O veterinário Don Franco, porta-voz da Associação Nacional da Indústria de Processamento Animal, declarou ao *Wall Street Journal*: "A ciência não é suficientemente clara. Existem várias teorias, mas ainda não há uma prova específica do meio de transmissão da doença."

O *Wall Street Journal* divulgou uma estimativa da indústria de que a proibição das proteínas de ruminantes custaria US$1,6 bilhão em perdas de vendas e em esquemas alternativos. A remoção dos refugos proibidos poderia ser tão difícil para os Estados Unidos quanto foi para a Inglaterra. Dennis Longmire, diretor da Darling International, proprietária de 32 fábricas americanas de processamento animal, caracteriza o problema de modo soturno: "Você está falando em incinerar ou aterrar milhões e milhões de toneladas anuais de tecido animal perecível." A Associação Nacional dos Criadores de Gado de Corte, por outro lado, foi favorável à providência, alegando que os produtores de carne bovina e laticínios já haviam diminuído a quantidade de farinha de carne e ossos com que alimentavam o gado.

Havia, porém, perturbadoras concessões incluídas na proibição proposta pela FDA. A agência proibiria o uso de tecido de gado, carneiros e bodes nas rações para esses ruminantes, mas permitiria que se mantivesse o fornecimento de sangue, leite e gelatina de ruminantes. O tecido de ruminantes continuaria a ser processado nas rações para frangos, porcos e animais domésticos, apesar da conhecida suscetibilidade de porcos e gatos à encefalopatia espongiforme e da possível transmissão do agente da doença ao esterco de frangos. Tampouco a onipresente contaminação das aves domésticas e dos ovos com salmonela nos EUA e o contínuo aparecimento de infecções humanas pela *E. coli*, causadas por carne contaminada, inspirariam confiança na inspeção governamental. Do ponto de vista da indústria de processamento animal, a proibição transforma um ativo valioso num passivo oneroso. Essa inversão na Grã-Bretanha levou a trapaças generalizadas. Sem uma aplicação rigorosa da proibição, os consumidores dos EUA têm motivo para temer o mesmo resultado.

Os EUA possuem grandes estoques de proteína de soja, de modo que sua indústria pecuária poderia sobreviver até à proibição total de rações com refugos animais. Uma proibição total é a única maneira de evitar a transmissão da encefalopatia espongiforme fatal entre as espécies, incluindo, especificamente, os seres humanos. A margem de lucro da indústria diminuiria, porque a farinha de carne e ossos é mais barata do que a farinha de soja. Contudo, esse embargo não está sequer sendo discutido no Reino Unido e muito menos nos Estados Unidos. Ele significaria destruir milhões de toneladas de refugos animais que sobram do processamento de carne, o que é um problema praticamente insolúvel. Como alternativa, poderíamos seguir o conselho de Richard Lacey e desistir de comer carne.

Espera-se que o próximo grande marco na medicina seja o xenotransplante: o enxerto em humanos de tecidos e órgãos de animais. Anualmente se realizam cerca de 20 mil operações de transplante nos Estados Unidos, porém mais 40 mil americanos necessitam por ano substituir coração, fígado, rins e córneas e dez mil deles morrem antes de chegar à sala de operações. Em outros países, órgãos de transplante são racionados e em conseqüência muitos pacientes que se poderiam beneficiar deles sofrem ou morrem. Os xenotransplantes poderiam melhorar e estender a duração de todas essas vidas.

O xenotransplante pioneiro já começou: em 1984, nos EUA, o coração de um babuíno manteve Baby Fae vivo durante vinte dias; um fígado de babuíno foi transplantado em 1994; Jeff Getty, um paciente aidético de São Francisco, recebeu enxerto de medula de babuíno em 1995 para fortalecer seu sistema imunológico. Biotecnologia avançada que pode fazer do xenotransplante uma rotina está sendo criada nos Estados Unidos e na Grã-Bretanha. Linhagens de porcos transgênicos estão sendo criadas para uso inicialmente em transplantes de coração. Os tipos sangüíneos de porcos se parecem mais aos tipos humanos do que os de outros animais, porém uma forte reação imunológica – a rejeição hiperintensa – normalmente destrói em questão de horas o tecido de porcos enxertado em primatas.

Investiguei a Imutran, empresa com sede em Cambridge, Inglaterra, que lidera a tecnologia mundial de xenotransplantes, e soube que a companhia já fez clones de genes humanos que desafiam a rejeição hiperintensa e os inseriu em embriões de porcos. A Imutran criou centenas de porcos portadores desses genes humanos. A rejeição de corações transgênicos de porcos ainda precisa ser controlada com drogas, da mesma forma que a rejeição de corações humanos transplantados. Em 1995, a Imutran demonstrou que, mesmo sem as drogas imunossupressivas, macacos implantados com corações transgênicos de porcos sobreviveram cinco dias, muito além do período em que a rejeição hiperintensa teria destruído um implante de coração de porco "normal". Macacos implantados tratados com drogas imunossupressivas sobreviveram até sessenta dias. Essa conquista levou o dr. David White, co-fundador e diretor médico da Imutran, a prever transplantes rotineiros de coração de porco em seres humanos antes da virada do século. White declarou à mídia que "o grande debate agora é: já temos condições de manter os corações funcionando nas pessoas durante muito tempo? A única maneira de responder a essa pergunta é colocar os corações nas pessoas para descobrir."

Em abril de 1996, entrevistei White na matriz da Imutran em Cambridge. Ele se mostrou entusiasmado com seu trabalho. "Desde o começo" – contou – "nosso enfoque foi sobre como podíamos formar geneticamente o porco e não como podíamos tratar o paciente. Daí em diante, percebemos que uma possível abordagem seria pôr os reguladores humanos no porco. E a coisa mais inteligente que fiz foi tirar patente desse processo. Porque é isso que paga as contas." Embora eu não soubesse na ocasião, White tinha acabado de vender a Imutran à Sandoz Pharma, Ltd., um dos grandes laboratórios.

"Vou arriscar minha reputação" – disse-me ele – "e afirmar que a rejeição hiperintensa como a conhecemos está morta, acabada. Você tira um órgão de um de nossos porcos, transplanta-o num primata e ele passa dias sem receber nenhum tratamento – essa é a rotina. Já fizemos transplantes de rins, *ilhotas* [isto é, tecido pancreático que segrega insulina, para corrigir diabetes], corações – até perdi a conta, foram uns sessenta ou setenta. Agora tudo que precisamos fazer é suprimir as defesas do macaco para obter uma sobrevivência a longo prazo. Fizemos nosso primeiro transplante de babuíno há umas duas semanas e no mesmo dia em que conseguimos transplantar um coração de porco para um babuíno um de nossos pacientes morreu esperando um coração humano."

Cheguei ao tema da minha visita:

– O senhor está preocupado com a EEB?"

– Felizmente – replicou White – porcos não são atacados pela EEB.

– Acredito haver provas de que são.

– Se você tira um cérebro contaminado de uma vaca louca e injeta o tecido nervoso diretamente no cérebro do porco, ele vai adoecer com encefalopatia espongiforme. Acontece que porcos vêm sendo alimentados com cérebros contaminados faz cinco anos e nenhum deles pegou a doença.

Isso era verdade.

– O senhor deve considerar que a EEB não é uma infecção. É uma doença tóxica muito curiosa. – Eu disse ao dr. White que havia pesquisado o assunto.

– Então – me respondeu ele – talvez o senhor possa me dizer como funciona essa maldita doença. Eu não consigo entendê-la.

Tentei explicar-lhe a cristalização protéica anormal.

Ele escutou e finalmente disse:

– É, pode muito bem ser isso.

– Seus porcos ficam isolados e presumivelmente não são alimentados com farinha de carne e ossos – eu o instiguei.

– Claro que não – confirmou ele. – A transmissão de doenças é uma área que nos preocupa muito. – Saiu de sua mesa e voltou com um estudo exclusivo da empresa, grosso como um catálogo telefônico. – Reunimos um grupo dos maiores peritos mundiais em doenças suínas e nas que afligem pacientes transplantados. – Abriu o livro e disse: – Vou ler apenas alguns títulos: "Microorganismos patogênicos".

"Microorganismos patogênicos no homem". "Microorganismos patogênicos em porcos mas não no homem". "Microorganismos que não se sabe patogênicos, mas semelhantes aos patogênicos". E assim por diante. Vírus ARN suínos, vírus ADN de suínos, vírus exóticos ARN de suínos, vírus exóticos ADN de suínos, uma seção especial sobre os vírus do sarampo humano. As bactérias de suínos – as Gram-negativas e as Gram-positivas – e assim por diante, numa infinidade de temas. Uma avaliação básica de risco de todos eles, uma lista das patogenias mais preocupantes. – E fechou o livro. – Depois de fazer tudo isso, ainda resta um problema: os retrovírus. Estamos agora realizando pesquisas com nossos primatas para responder a esta pergunta: serão esses retrovírus suínos capazes de ultrapassar a barreira das espécies e se recombinar com o retrovírus humano? Ainda não terminamos, mas julgamos a possibilidade extremamente remota.

White prosseguiu, dizendo que os porcos provavelmente não irão para o hospital e que o paciente vai ficar em algum lugar perto dos porcos.

– Isto é – explicou –, haverá alguns centros especializados em xenotransplantes. Esses centros disporão de uma unidade esterilizada de produção de porcos em local muito próximo. É lá que os pacientes irão. É ridículo que se precise esperar que pessoas fortes e saudáveis morram para que se possa tratar das pessoas doentes. Com um porco, o paciente chega e o médico diz: "Acho que o senhor vai precisar de um transplante cardíaco." Você não precisa ficar no fim da fila. Talvez haja uma espera de três a seis meses. E modificaríamos o *seu* sistema imunológico, para que você não rejeite tecidos de porcos."

Ocorreu-me que talvez estivéssemos falando sobre outra coisa além de corações. Perguntei ao médico:

– Estão planejando transplantar outros órgão e tecidos do porco?

– Sim, o coração, os pulmões – são tantos ex-fumantes, o mercado é enorme –, os rins, possivelmente o intestino. A *substantia nigra* é área de grande interesse.

– O quê? – perguntei.

– É um pedacinho do crânio – respondeu White. – Para se usar no tratamento do mal de Parkinson.

Eu sabia o que era *substantia nigra*, mas simplesmente não podia acreditar que um médico e homem de negócios brilhante e inovador que admitira não entender o que causa as encefalopatias espongiformes (mas quem entende?) estivesse planejando implantar cérebros de porcos diretamente em cérebros humanos.

Em julho de 1996, a Comissão de Xenotransplantes do Instituto de Medicina dos Estados Unidos, integrante da Academia Nacional de Ciências, endossou os xenoenxertos sob o argumento de que os benefícios em potencial superavam os riscos. "Quando se julgar suficiente a base científica para determinados tipos de xenotransplantes" – concluiu a comissão – "e as proteções adequadas estejam estabelecidas, tentativas selecionadas de xenotransplantes em seres humanos utilizando células, tecidos e órgãos de animais se justificarão e deverão ocorrer." A comissão mencionou "amplas provas", entretanto, de que agentes infecciosos poderiam ser transmitidos de animais a seres humanos, o que indicava um perigo "inequivocamente superior a zero" de que os xenotransplantes poderiam transferir vírus novos e fatais além da barreira das espécies. A comissão citou especificamente as encefalopatias espongiformes transmissíveis.

Se eu estivesse para morrer de uma doença cardíaca em poucos meses ou precisasse de um novo par de pulmões, certamente recorreria a um transplante de porco. Eu talvez hesitasse no caso de um transplante de córnea ou de um pedacinho do cérebro. Até que se identifique a causa da

EET, os xenotransplantes continuarão a representar certo nível de risco iatrogênico fatal.

Até mesmo a origem da DCJ *esporádica* é ainda discutida. O dr. Richard Kimberlin, pesquisador inglês, ressalta que a incidência etária específica da DCJ esporádica:

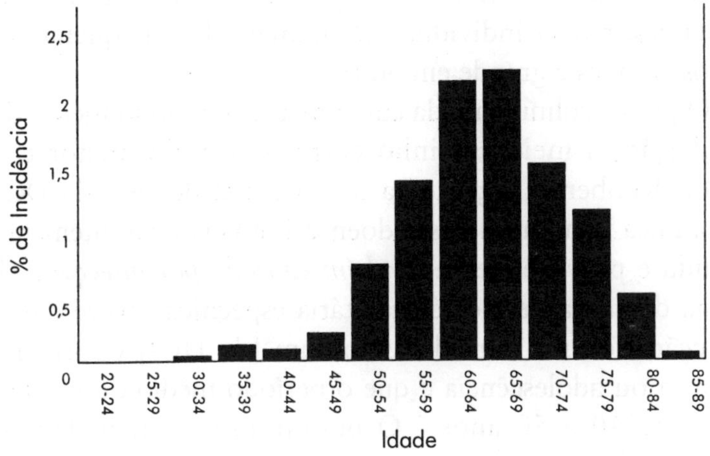

é semelhante à incidência etária específica da EEB:

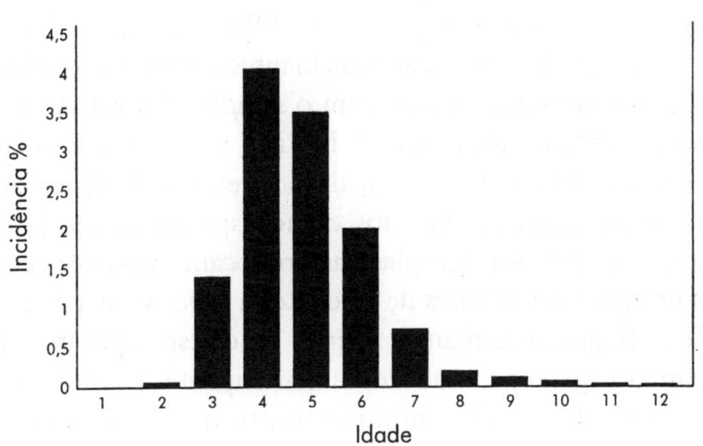

Se qualquer das doenças se originou numa mutação ou em algum outro evento aleatório, a incidência deve aumentar com a idade de modo constante. A forma de sino da curva de incidência etária da EEB implica um quadro diferente: o de infecção em tenra idade, seguida por um período de incubação. A duração do período incubatório depende da resistência individual do animal: ela é pequena em certos animais e grande em outros.

O ponto culminante da curva marca o período médio de incubação, a meio caminho entre o período menor e o maior. Kimberlin argumenta que a curva de sino da DCJ esporádica denota que essa doença humana aparentemente fortuita é provavelmente *também causada por infecção*: "A forma da curva de incidência etária específica sugere que a infecção de uma variedade comum [da DCJ] ocorre na infância ou adolescência e que o período médio de incubação é de 40 a 50 anos." O pesquisador alemão Heino Diringer defende igualmente uma causa infecciosa para o mal: "É mais do que provável que os casos esporádicos da DCJ sempre se originem da transmissão direta ou indireta de animais para o homem." Em 1996, Diringer relatou haver encontrado partículas semelhantes a vírus no cérebro de um *hamster* infeccionado com o *scrapie*. Um neuropatologista americano, dr. Frank O. Bastian, verificou a existência, em cérebros com a DCJ, de pequenos patógenos em forma espiralada, conhecidos como espiroplasmas. Já se determinou que os espiroplasmas provocam infecções cerebrais crônicas em filhotes de rato. Resta saber se as partículas de Diringer, semelhantes a vírus, ou os espiroplasmas de Bastian são agentes causadores ou participantes ocasionais.

Carleton Gajdusek continua a insistir que a cristalização de proteínas anormais é a causa das EETs. Em 1990, Paul Brown secou e congelou uma amostra de cérebro contaminado pelo *scrapie*, vedou a amostra numa ampola de vidro e a cozeu ao forno durante uma hora a 360° centígrados. Reconstituída, a amostra ainda transmitiu o *scrapie* a um *hamster*. Gajdusek invoca minerais como nucleantes para explicar como um agente infeccioso pode sobreviver após ter sido "cozido" até virar cinzas, à temperatura de 360° centígrados. Depósitos minerais contendo alumínio e silício foram encontrados em células nervosas em grupos de alta incidência de ALS e mal de Parkinson com casos de demência em Guam e outras ilhas do Pacífico Ocidental. Depósitos de silicato de alumínio formam os núcleos das placas amilóides do mal de Alzheimer. Podem ser cristais de uma forma comum de barro, a montmorilonita. Gajdusek escreve que pesquisadores do mal de Alzheimer sugeriram "que eles são os elementos iniciadores dos depósitos de amilóides". Foi essa descoberta de núcleos de silicato de alumínio nas placas de Alzheimer que levou ao pânico, dez anos atrás, os usuários de utensílios de alumínio para cozinha, embora não se tivesse confirmado nenhuma ligação entre panelas de alumínio e o mal de Alzheimer.

Alumínio e sílica são elementos comuns na crosta terrestre. O barro é comum no mundo inteiro. Como poderiam cristais de minerais comuns "infeccionar" com a DCJ esporádica uma pessoa em um milhão? Gajdusek me descreveu um diapositivo que ele ocasionalmente utiliza em palestras a patologistas, uma porção micrográfica de uma parte localizada no fundo do cérebro, chamada hipocampo, suas células salpicadas por formações semelhantes a bolas de basquete negras. Quando os patologistas desistem de adivinhar, Gajdusek lhes diz que as bolas de basquete negras são partículas de pó de ouro. Quando eles desistem de adivinhar como é que pó de ouro entrou no âmago do cérebro, ele explica que pediu a um paciente moribundo que cheirasse o pó, após dar ao homem escopolamina para secar o interior das narinas. Gajdusek chama esse processo de "transporte axonial inverso", significando que o pó de ouro é atraído para as extremidades nervosas no fundo do nariz que coletam partículas de informações de odores no ar e depois as fibras nervosas – os axônios – transportam as partículas até o hipocampo, onde os odores são identificados.

Estávamos sentados na cozinha da casa de subúrbio de Gajdusek, num vale na periferia de Frederick, Maryland – ele renunciara à sua mansão no alto do morro em 1989. "Você sabia que pode matar alguém com um punhado de pó de vidro?" – perguntou-me. Sacudi a cabeça: eu não sabia. "Os alemães estudaram isso na Primeira Guerra Mundial, como um possível gás bélico. As partículas de vidro de certo tamanho desintegram as células sangüíneas melhor do que veneno de cobra. Um suspiro e você morre, porque os pulmões se enchem de sangue. Você pode, porém, *bloquear* os efeitos do pó de vidro. Partículas mais finas se grudam às paredes das células e impedem que as partículas letais maiores se assentem."

Gajdusek se inclinou para a frente e bateu com as duas mãos na mesa, como costumava fazer para chamar a atenção do interlocutor. "*Todas* as diferentes teorias sobre o processo de nucleação dos amilóides infecciosos são as mesmas. São como as teorias da formação do gelo: uma afirma que a poeira faz surgir os cristais de gelo, outra diz que são os fragmentos de gelo cristalizado, outra ainda que são pedaços de asas de gafanhoto. Tudo bobagem. São todas a mesma teoria. Esses são eventos isolados. E não existe teoria geral da nucleação. Meus colegas querem uma fórmula simples, mas é muito complexa. Precisa-se de um pedacinho suficientemente grande para fornecer o padrão. No mundo real da nucleação, uma partícula de pó num milhão pode mudar o resultado. Toda cristalização na terra requer nucleação – um esquema – e isso inclui muitos processos corporais. Porém nada existe sobre nucleação na literatura médica. É um fenômeno completamente negligenciado."

Pensei nas profundezas ilimitadas da natureza: camadas sob camadas até o âmago das coisas e ainda outras camadas lá por demais pequenas para serem vistas e camadas abaixo dessas até que se mergulha mais fundo e aí existem mais camadas ainda. Se um agente ambiental como o pó mineral inicia a formação de amilóides na EET, então as doenças espongiformes nunca serão erradicadas, assim como os restos fossilizados do Pecado Original triturados no graal de Deus. Ou como a praga de Camus, oculta nos esgotos, esperando que acenemos com a cabeça.

Ao ouvir Carleton Gajdusek, aos 74 anos, misturar ouro, vidro e argila numa explicação para as doenças cerebrais fatais, lembrei-me de algo que ele me perguntou em nosso primeiro encontro, no final de 1995, antes que os ingleses divulgassem o início do que pode ser sua nova Peste Negra.

– Sabe a farinha de osso que as pessoas usam nas rosas? – indagou-me Gajdusek naquela ocasião. – Ela é feita de gado morto. E muito bem triturada. As instruções na embalagem advertem que o saco não deve ser aberto em ambiente fechado. Porque impregna o nariz.

O virologista laureado com o Nobel e que conhece a encefalopatia espongiforme transmissível mais que qualquer outra pessoa no mundo me olhou de modo expressivo e perguntou:

– Você usa farinha óssea nas rosas?

Respondi-lhe que usava.

Ele fez um sinal com a cabeça e disse:

– Eu não a usaria, se fosse você.

Trecho de matéria publicada no *Daily Telegraph* de 4 de abril de 1996:

> A Real Sociedade de Horticultura lembrou aos jardineiros que devem usar luvas e máscara contra pó para evitar o risco de EEB ao aplicar uma mistura de sangue e farinha óssea a rosas e arbustos. A demanda de carne bovina recupera-se estavelmente. No mercado atacadista de Smithfield, em Londres, a comercialização de cortes de carne bovina inglesa de melhor qualidade subiu de zero há uma semana para pouco mais da metade das cifras normais.

Glade
Junho de 1995 – Janeiro de 1997

GLOSSÁRIO

ADN: ácido desoxirribonucléico, um dos dois ácidos nucléicos que os organismos vivos utilizam como portadores de informações genéticas.

ARN: ácido ribonucléico, um dos dois ácidos nucléicos que os organismos vivos utilizam como portadores de informações genéticas.

ALS, Lou Gehrig, mal de: esclerose lateral amiotrófica, doença do sistema nervoso caracterizada por irritabilidade e enfraquecimento muscular.

Alzheimer, mal de: amiloidose não infecciosa e progressiva do cérebro (*ver*) que causa demência e por fim a morte. O nome homenageia o neurologista alemão Alois Alzheimer.

amilóide; amiloidose: fibras protéicas que ficam verdes sob luz polarizada quando tingidas com corante vermelho Congo; doença causada pelo acúmulo dessas fibras em vários órgãos e tecidos, inclusive o cérebro.

anga: grupo lingüístico da Serra Oriental de Papua Nova Guiné, antes conhecido como kukukuku (*ver*). Carleton Gajdusek criou o nome, adaptando o vocábulo para "casa" comum a vários dialetos anga.

anticorpos: tipo de proteínas do corpo que reagem a invasões de proteínas estranhas, como micróbios.

astrogliose: dilatação anormal e proliferação de glias, as células cerebrais que combatem infecções.

bastões (prions) amilóides: ver fibrilas associadas ao *scrapie*.

cerebelo: "pequeno cérebro" abaixo e atrás da parte principal do cérebro (*ver*), responsável pelo equilíbrio, pela tonicidade muscular e pela coordenação dos movimentos voluntários.

cérebro: a parte maior dos miolos, enrolada e dividida como uma noz.

Compton: Posto de Campo do Conselho Britânico de Pesquisa Agrícola em Compton, Berkshire, cujo nome foi mudado em 1963 para Instituto de Pesquisas de Doenças Animais.

córtex cerebral: matéria cinzenta da parte externa do cérebro.

Creutzfeldt-Jakob, doença de (DCJ): doença progressiva, degenerativa e fatal do sistema nervoso central, caracterizada por descoordenação motora, convulsões e demência. Dano espongiforme ao cérebro e a presença de fibrilas associadas ao *scrapie* (*ver*) caracterizam o mal, cujo nome identifica os dois médicos alemães que publicaram os primeiros relatórios sobre a doença.

culto a cargas: crença disseminada entre vários grupos do Pacífico Ocidental de que as mercadorias em cargueiros e aeronaves americanos, australianos e de outras nacionalidades foram roubadas dos espíritos de seus ancestrais, que um dia voltariam e lhes devolveriam os produtos.

degeneração: alteração patólogica que deteriora ou destrói funções.

demência: perda das funções mentais.

doença endêmica: doença habitualmente existente.

encefalite: inflamação do cérebro.

encefalopatia: doença do cérebro.

EEB (encefalopatia espongiforme bovina; "doença da vaca louca"): doença espongiforme de gado, identificada na Inglaterra em 1986.

endocanibalismo: canibalismo entre parentes.

epidemiologia: estudo do surgimento de doenças e epidemias.

esclerose múltipla: doença crônica degenerativa do sistema nervoso central que destrói a camada isolante dos nervos, causando debilidade muscular, perda de coordenação e fala e falhas de visão.

espongiforme: de estrutura semelhante à da esponja, cheia de orifícios.

EET (encefalopatia espongiforme transmissível): nome genérico dos diversos males espongiformes de animais e seres humanos, incluindo o kuru, a doença de Creutzfeldt-Jakob, o *scrapie* e a EVT, todas caracterizadas pela patologia espongiforme e pela presença de fibrilas associadas ao *scrapie* (*ver*).

ETM (encefalopatia transmissível das martas): doença espongiforme do animal marta ou visom contraída através da alimentação.

fibrilas associadas ao *scrapie*: pilhas de cristais de PrP (*ver*) visíveis ao microscópio eletrônico como fibras retorcidas em homogenatos de tecido cerebral infectado com encefalopatia espongiforme transmissível.

fáscia: revestimento fibroso dos músculos.

fore: grupo lingüístico da Serra Oriental da Papua Nova Guiné, com cerca de 30 mil pessoas que sofriam de kuru *(ver)*; o território geográfico do grupo.

formalina: solução de 37 por cento de formaldeído estabilizado com metanol.

Gajdusek, D. Carleton: pediatra e infectologista americano detentor do prêmio Nobel.

gene: unidade de hereditariedade que controla uma só característica. Exemplo: cor dos olhos.

genoma: a totalidade dos genes de um organismo; no caso dos seres humanos, cerca de dez milhões.

glia: tipo de célula nervosa que funciona para isolamento, combate a infecções e "limpeza" do organismo.

Goroka: capital da Serra Oriental, província da Papua Nova Guiné.

iatrogênico: literalmente "causado por médico", isto é, involuntariamente induzido por médicos.

***in vitro*:** "em vidro"; diz-se dos experimentos biológicos conduzidos fora de um organismo; experiências em tubos de ensaio.

Kainantu: cidade localizada na Serra Oriental da Papua Nova Guiné.

kukukuku: nome antigo e pejorativo dos angas da Serra Oriental da Papua Nova Guiné.

kuru: doença cerebral progressiva e fatal disseminada pelo canibalismo, confinada à Serra Oriental da Papua Nova Guiné e lá exclusivamente ao povo fore *(ver)*. A palavra significa "tremor" e "medo" em fore.

mal de Parkinson, parkinsonismo: doença caracterizada por tremores e rigidez física provocados por danos à área de substância "nigra" do cérebro, onde se produz dopamina.

mal do pulo: doença de ovinos que faz com que eles pulem ao se locomoverem.

movimento atetóide; atetose: movimentos contínuos, lentos e involuntários de pés e mãos.

neuropatologia: estudo das doenças do sistema nervoso, especialmente pelo exame do próprio tecido.

nova variante da DCJ: nova forma da doença de Creutzfeldt-Jakob, que se acredita seja transmitida pela ingestão de carne de gado contaminado pelo "mal da vaca louca"; *ver* Creutzfeldt-Jakob, doença de.

Okapa: posto de patrulhamento e centro administrativo no coração da região fore da Papua Nova Guiné.

paralisia infantil: poliomielite.

punção lombar: furo na extremidade da coluna vertebral para possibilitar o exame do fluido raquidiano.

placa kuru: grande placa amilóide (*ver*) semelhante a um crisântemo, característica do kuru e da nova variante da DCJ.

PPA: proteína precursora de amilóide, a proteína que forma placas amilóides no mal de Alzheimer.

prion: termo proposto pelo neurologista Stanley Prusiner para identificar "pequenas partículas protéicas infecciosas resistentes à inativação pela maioria dos procedimentos que modificam os ácidos nucléicos". Prusiner acrescentou que o termo "salienta a necessidade de uma proteína para haver infecções; nosso conhecimento atual não permite a exclusão de um pouco de ácido nucléico no interior da partícula".

PrP: proteína prion *(ver)* ou proteína resistente à enzima protease.

reagente: qualquer substância usada nas reações químicas, especialmente para testar a presença de outra substância.

Rickettsia ou riquétsia: bactérias parasitárias em forma de bastão, assim chamadas em tributo ao patologista americano H.T. Ricketts, primeiro a identificá-las. O tifo é uma infecção por essas bactérias.

***scrapie* ou doença da tremedeira do carneiro:** doença natural e progressiva do cérebro dos ovinos, que causa coceiras insuportáveis, a ponto de os animais arrancarem a própria lã em busca de alívio.

SGSS (síndrome de Gerstmann-Sträussler-Scheinker): forma familiar do mal de Creutzfeldt-Jakob. A SGSS evolui mais lentamente do que a DCJ típica e produz placas amilóides multicêntricas.

Smadel, Joseph: virologista e administrador americano; diretor adjunto dos Institutos Nacionais de Saúde dos EUA.

"status epilepticus": acessos epiléticos que se repetem com freqüência.

"status spongiosus": sérios danos esponjosos.

TED (tartarato de etildiamina): composto químico empregado em processamento industrial.

tremor intencional: tremor induzido pelo movimento voluntário de um membro.

tronco cerebral: o tronco central do cérebro, que se prolonga para formar a medula espinhal.

virino: agente virótico hipotético de enfermidades, que consiste em um fragmento de ADN que busca mecanismo hospedeiro para fabricar sua camada de proteínas e para reproduzir.

virologia: estudo científico dos vírus.

Wanitabe: povoado na região Fore do Sul na Serra Oriental da Papua Nova Guiné, onde residiram os antropólogos Robert Glasse e Shirley Lindenbaum durante estudo de campo.

ÍNDICE

Os números de páginas em *itálico* se referem a mapas e fotografias.

abortos, 215
ADN, 103-8, 157, 161, 193
Agakamatasa, 117, 154
Almond, Jeffrey, 207, 222
Alper, Tikvah, 110-12, 113, 114, 116
Alpers, Michael, 22, 66, 73, 74, 78, 79, 80, 84, 86-87, 91-95, 154, 169
ALS, 20, 58, 160
alvejante de cloro, 125
Alzheimer, Alois, 30
Alzheimer, mal de, 20, 27, 124, 145, 160, 192-93
amilóides infecciosos, 192
amilóides, placas de, 27, 36, 92, 113, 150, 162, 166, 193, 205, 208
amilóides, bastões, 159
aminoácidos, 103
anga (kukukuku), 55, 117, 125
antropologia, 56, 62-64
Arens, Walter, 8
ARN, 104-8, 193
astrogliose, 31, 46, 48, 68, 92, 165
Austrália, 4, 12, 16, 23, 62, 66, 118, 143
autoclaves, 124, 131
autópsias, 24, 32, 41
de Georgette, 83, 86, 92
de JRo, 138
de mortes por DCJ em 1995, 185
aves domésticas, 214, 230

baço, 152, 160
bactérias, 108
Bastian, Frank O., 243
Beck, Elisabeth, 58, 78, 86, 92, 95, 128
Berndt, Ronald e Catherine, 90-91
Bernoulli, Christopher, 129-30
Bessen, Richard, 204

Blackfoot, Idaho, 68, 227
Blumberg, Baruch, 126, 128
Bowen, Anthony, 209
Bowen, Michelle, 209
Britânico, Parlamento, 181, 211
Brown, Paul, 33-35, 78, 130, 131, 136-38, 140-41, 143-44, 194, 200-201, 207, 243
Burnet, Macfarlane, 15-16, 23

cabras, 110
Callaghan, Maurice, 209
camundongos, 195
 scrapie em, 73, 75-76, 110, 112-13, 198
canibalismo, 3-9, 23
 a reciclagem de proteínas animais como, *ver* farinha de carne e ossos
 em *hamsters*, 154
 kuru e, 26, 79, 89-96
 narrativa de mulheres fores sobre, 64
carne bovina, xii, 177, 184, 211-13
ver também gado
carne de carneiro, 214, 232
carneiros, 40-50, 54, 72
ver também scrapie
carrapatos, 40
Cat's Cradle (Cama de gato, Vonnegut), 191, 205
Caughey, Baron, 195, 203
CCEE (Comissão Consultora da Encefalopatia Espongiforme), 206-7, 222
células, depósito de informações de, 102
Centros de Controle de Doenças nos EUA, 224
cerebelo, 25, 37, 38, 205
 de carneiros, 46
ver também cérebro
cérebro, 32, 33, 36-39, 205
 de carneiros, 46
 de chimpanzés, *ver* Georgette
 de *hamsters*, 243
 de martas, 68-69
 de porcos, 241
 de vacas, 165, 168
 doenças do, 20, 59
 dos pacientes com kuru, 21-28
ver também amilóides, placas; cérebro, danos espongiformes ao,
cérebro, danos espongiformes ao, 34, 38, 68, 91, 94
 na EEB, 165
 no *scrapie*, 113, 114
Chandrakumar, Mathi, 222
"A Química da Infecção por *scrapie*" (Caughey e Lansbury), 204
Chesebro, Bruce, 195, 202
chimpanzés:
inoculações de DCJ em, 94-96
ver também Georgette
Churchill, Peter, 208
cirúrgica, contaminação, 121-33
 nos pacientes de Bernoulli, 129-30
 nos transplantes de córnea, 123

possibilidades em xenotransplantes, 240
práticas dentárias e a, 132
Clarke, M.C., 110-11
Collinge, John, 221
Comissão de Xenotransplantes do Instituto de Medicina dos EUA, 241
Compton, 40, 43-44, 52, 55, 59, 76, 78-79, 110
Congresso dos EUA, 234
Conselho Britânico de Pesquisas Agrícolas, 40
corante vermelho Congo, 36, 150
cordeiros, 214, 232
Coréia, Guerra da, 16
córnea, transplantes de, 122, 241
Creutzfeldt, Hans Gerhard, 28, 30-32, 39
Creutzfeldt-Jakob, doença de (DCJ), 28, 33, 38, 39
no Brasil, 143
contaminação cirúrgica com a, 123-24, 129-30
em JRo, 138
esporádica, 222, 228, 242
fibrilas associadas ao *scrapie* na, 151-52, 160
herança da, 196
mortes pela, em pessoas de menos de 30 anos, 183-85, 205-7
nova variante (DCJv), 197, 205-7, 214, 216-17, 221-24, 232
nos receptores do hormônio do crescimento, 137-44
o kuru comparado com a, 28, 33-35, 95
transmissão da, 131-32
transmissão da, a primatas, 131-32
variações da, 95
crianças:
a adoção de, por Gajdusek, 125, 130
injeções do hormônio do crescimento, 134-44
vítimas do kuru, 17, 18, 20, 22
Crick, Francis, 103, 107, 112

Daisy (chimpanzé), 74, 82, 85-86
DCJ, *ver* doença de Creutzfeldt-Jakob
DCJv, *ver* nova variante da doença de Creutzfeldt-Jakob
demência, 32, 38, 138, 141
Departamento de Agricultura dos EUA, 45, 54, 58, 59, 76, 223-24
"depósitos comerciais", 164
ver também processamento industrial
DeVoe, Arthur, 121-24
Dickinson, Alan, 112-13, 120, 134-36, 157-58, 173, 177-78, 199, 201-2
Diringer, Heino, 243
Distúrbios Neurológicos e Ataques Cardíacos, Instituto Nacional de, 39
doença das Aleutas, 79
"doença do trator", 213

doenças, declínio das, 233
Dole, Robert, 234
Dorrell, Stephen, 210-12, 224

E. coli, envenenamento por, 234
Ebola, vírus, xi-xii
EEB, *ver* encefalopatia espongiforme bovina
elétrons, bombardeios de, 110-11
Elschker, Bertha, 30, 33, 39
Emerson, Ralph Waldo, 168
encefalite, 10
encefalopatia espongiforme bovina (EEB; doença da vaca louca):
banco de dados computadorizados, 166
contaminação por alimentos e a, 167
epidemiologia da, 169
erradamente identificada como *scrapie*, 171-72, 174-75
estudo previsor da, 218
incidência etária da, 242
inspeção e a, 176
na Europa, 213-16, 221
nos seres humanos, *ver* doença de Creutzfeldt-Jakob, nova variante
os xenotransplantes e a, 239-40
perspectiva mais pessimista da, 231-32
risco da, para jardineiros, 247
transmissão da, 178
transmissão materna da, 217-18
variedades da, 228
ver também doença da vaca louca; *doenças específicas*
encefalopatia transmissível da marta (ETM), 69-70, 225-27
encefalopatias espongiformes transmissíveis (EETs), 120, 145, 225-27
fibrilas associadas ao *scrapie*
como agente das, 152, 160
os prions e as, 156, 159-62
teoria da cristalização de Gajdusek sobre as, 188-94, 197, 243-47
ver também doenças *específicas*
Enders, John, 14-15
endocanibalismo, 93
epidemiologia, 35, 78, 166, 169
epilepsia, 32, 129
Ernst K. (vítima da DCJ), 32, 33
esclerose múltipla, 20, 58, 145
Escócia, 171
espanhóis, carneiros merinos, 42
espiroplasma, 243
Estados Unidos:
a DCJ nos, 137-41
esforços de prevenção da EEB nos, 223-31
inspeção da carne nos, 234
o *scrapie* estudado nos, 72
o *scrapie* nos, 45
o sistema de processamento industrial nos, 170, 223, 230, 235
variação nativa da EEB nos, 233
xenotransplantes nos, 237

"Estudo das Infecções de Vírus Lentos, Latentes e Temperados", 61
microscópios eletrônicos, 108, 146-48

fago T4, 108
farinha de carne e ossos, 164, 167-71, 172-74, 213-15, 220, 230, 246
fazendeiros, 172-73, 182
febre amarela, 14
Federação dos Veterinários da Europa, 213
Fermi, Enrico, 158
fertilizante, 220, 231
fibrilas associadas à doença dos carneiros ou *scrapie,* 150-51, 159-92
Fischer, Ann e J.L., 90
Food and Drug Administration (FDA), 138, 223
Fore do Sul, 3-28, 61-62, 94, 118-19
fores, os, 4, 56
  a linguagem dos, 19
  autópsias a que resistiam, 24
  dieta dos, 4, 26, 34, 89-96,
  o kuru entre os, 9, 10-28, 64-65, 72, 93, 118
  o trabalho final de Gajdusek com os, 117-18
  relações dos sexos entre os, 63
França, 143, 213, 220
frangos, 220, 230
Fraser, Hugh, 173, 178, 201, 203, 213
Fraser, Janet, 203, 207
Fuch, distrofia de, 121
gado leiteiro *vs.* gado bovino, 17
gado, 167
  compensação dos fazendeiros pelo, 172-73, 179
  estudos de ETM do, 226-28
  miúdos de, 170, 173, 177, 181
  morto ou prostrado, 69, 224, 226-27, 230, 246
  na Inglaterra, 163-85, 223
  nos Estados Unidos, 259
  o canibalismo e o, *ver* farinha de carne e ossos

Gajdusek, D. Carleton, 36, 39, 78-79, 162n, 168, 202-3
  a carta de Hadlow sobre a doença dos carneiros a, 40, 49
  a contaminação cirúrgica e, 123-24, 132
  a DCJ e, 28
  a dieta dos fores e, 27, 34, 79
  a EEB e, 221
  antecedentes de, 14
  aparência física de, 15, 55, 187
  a prisão de, 215
  a reputação de, 40
  as autópsias do kuru e, 22-24
  as causas do kuru na opinião de, 21, 27, 54, 79
  as crianças e, 16, 18, 125, 130
  cristalização, teoria da, 188-90, 194, 198, 243-45

e o estudo da inoculação de primatas com a DCJ, 95
na Nova Guiné, 10, 18, 55, 61, 66, 73, 82, 117-18, 154
o diário de, 17, 56, 66, 83, 129
o elo canibalismo-kuru e, 79, 91
o estado de Georgette e, 82-85
o prêmio Nobel de, 126-27, 130-31, 146
o trabalho de Prusiner com, 154-56
scrapie ou doença da tremedeira dos carneiros, estudos sobre, e, 52
scrapie, violação do inoculante do, e, 58-59, 76
gatos, a EEB em, 180
gelo-nove, 191, 205
genes, 104
Georgette (chimpanzé), 72-87
alterações comportamentais de, 80-82
autópsia de, 83, 86, 92
declínio de, 84-85
lábio caído de, 81
Alemanha, 30, 144
Gerstmann-Sträussler-Scheinker, síndrome de (SGSS), 196
Getty, Jeff, 237
Gibbs, Clarence Joseph, "Joe", Jr., 60-61, 75-78, 92, 94, 119, 127, 130, 153, 168, 207, 229
alterações comportamentais de Georgette observadas por, 80-82
antecedentes de, 73
contaminação cirúrgica e, 123-24, 132, 144
e o estudo da inoculação de primatas pela DCJ, 95
Gingrich, Newt, 234
Glasse, Robert, 61, 89-90, 93
Glasse, Shirley, *ver* Lindenbaum, Shirley Glasse
gliais, células, 32, 46, 69
ver também astrogliose
Gordon, William, 43-46, 55, 109, 128, 167
Goroka, 26, 91, 119
Grã-Bretanha:
o abate de gado na, 207, 218
a DCJ na, 95, 143, 182-85, 205-7
a proibição das proteínas derivadas de ruminantes na, 171
as perspectivas mais pessimistas para a, 231-32
exportações de gado da, 172, 179, 211-12
o gado na, 163-85, 223
o *scrapie* na, 42-43
o *scrapie*, estudos sobre o, no, 42-49, 100-101
Griffith, J.S., 115-16, 162n, 202
gripe, variações de, 112
Gummer, John, 181

Hadlow, William J., 40-43, 52, 60, 78, 127, 153, 195
cérebros de carneiros estudados por, 46

martas estudadas por, 67-70, 227-28
o *scrapie* estudado por, 42-43
Haig, D.A., 100-11
Hall, Peter, 209
hambúrguer, 177, 181, 184
hamsters, o *scrapie* em, 154, 198
hemorrágica, febre, 16
Hintz, Raymond L., 137-40
hipocampo, 245
Hogg, Douglas, 214, 216-18
Holanda, 144, 212
Holstein, 164
Holt, Tim, 178
homúnculos, 102
hormonais, deficiências, 137
hormônio do crescimento extraído de cadáveres, 135-36
hormônio do crescimento, injeções de, 135-37
hormônio do crescimento humano, 134
Hot Zone, The, (Preston), xi
Hourrigan, James, 54, 78
Hovi, Marja, 176
Hsiao, Karen, 196

iatrogênica doença, *ver* contaminação cirúrgica
Imutran, 237-38
infecciosas, proteínas, 114
insônia familiar fatal, 197
Ironside, James, 205-7, 221
Islândia, 52, 76

Jakob, Alfons, 28, 32
Japão, 144
jardinagem, 247
Jellison, Bill, 47
Journal of Neurosurgery, 124
JRo (vítima da DCJ), 137-39
Jungle, The (Sinclair), 234

Kainantu, 10-12, 17, 23, 40, 47, 56, 119
Kessler, David, 235
Kimberlin, Richard, 242
Klatzo, Igor, 25-28, 35, 78-79, 128, 150
Klein, George, 104, 108, 131
Koch, Robert, 14, 79-80, 83, 92, 120, 150
Kruif, Paul de, 14, 126
kukukuku (anga), 55, 177, 125
kuru, 10-28, 207
autópsias de vítimas do, 22-24
causas do, 21, 27, 54
como modelo para a EEB, 220, 222
danos do cerebelo pelo, 26, 38
DCJ comparada ao, 28, 33-35, 95
fibrilas associadas à doença dos carneiros e o, 160
EEB comparada ao, 163-85
epidemiologia do, 78
ligação do canibalismo com o, 26, 79, 89-96
nos fores, 10-28, 64-65, 72, 93, 118
o *scrapie* comparado ao, 47-48, 52, 109
os postulados de Koch e o, 79-80, 83
opiniões de Gajdusek sobre as causas do, 21, 27, 54, 192

placas do, 35, 92, 150
possível poder infeccioso, 49, 80
primatas inoculados com o, *ver* Georgette
progressão do, 20
transmissão do, 132
tratamentos pesquisados para o, 23
kuru laik i-kamap nau, 20

Laboratório Veterinário Central do Ministério da Agricultura Britânico, 165-66, 172, 217
Lacey, Richard, 175, 178-82, 219, 222, 236
Lancet, 47-48, 93, 157, 184
Lansbury, Peter, 203
Latarjet, Raymond, 115
Late Night Thoughts on Listening to Mahler's Ninth Symphony (Thomas), 203
Leeuwenhoek, Antony van, 14
Leibniz, Gottfried Wilhelm von, 203
leite, 167
Lindenbaum, Shirley Glasse, 61-64, 89-90, 93, 118
Lipsett, Mortimer, 139-41
Longmire, Dennis, 235

Major, John, 209, 212, 218
mal do pulo, 44, 167
Mandelbrot, Benoit, 127
Manuelidis, Elias e Laura, 151-52
Marsh, Richard F., 225-28, 229
martas, 67-70, 225-28
Max (gato), 179-81
Mbaginta'o, Ivan, 125, 130
McDonald's, 212-13
Medawar, Peter, 108, 158
Meldrum, Keith, 177-78
Melville, Herman, túmulo de, 126, 127
Merz, Patricia, 146-51, 154, 159, 165, 201
Microbe Hunters (Kruif), 12
micróbios, 12
microscópios, 101
eletrônicos, 108, 147-49
Ministério da Agricultura, Pesca e Alimentos da Grã-Bretanha, 165, 175-76, 213, 219
miúdos, a proibição inglesa de, 170, 177, 181, 214
A doença da vaca louca (Lacey), 176
moléculas, 102
Montanhas Rochosas, Laboratório das, 40, 47, 60, 67, 146, 153, 195
montmorilonita, 244
Moredun, Instituto, 52, 55, 128
Morrison, Philip, 36
mulheres fores, o kuru nas, 7, 12, 17, 20, 63, 89
músculos, o agente do *scrapie* nos, 110

nanismo, 134
Nature, 92, 114-15, 197, 216, 218, 221
nervosas, células, a PrP e as, 162
neurocirurgiões, riscos profissionais dos, 123-24
New England Journal of Medicine, 124, 131, 143, 201

Newton, Isaac, 203
Norte, Fore, 62, 119
ver também fores
Nova Guiné, 3-28
canibalismo na, 4
culturas primitivas na, 55
Gajdusek na, 10-12, 55-57, 61, 66, 73, 117-18, 154
Nova York, Academia de Ciências de, 93
Nova York, Instituto Estadual de Pesquisas Básicas de Deficiências do Crescimento, 132, 146
Nova Zelândia, 143
Novas partículas infecciosas de proteínas causam a doença dos carneiros (Prusiner), 155
nucleação, 245-46
anormal, 194, 204, 243
em *Cat's Cradle,* 191
nucléicos, ácidos, 103, 131, 158
o agente do *scrapie* e os, 111-15, 155
nuvens, cristalização de, 205

"O nome do jogo é fama, mas será também ciência?", (Taubes), 199
Okapa, 17, 20, 23
órgãos, transplantes de, 122-24, 237-40
ótico, nervo, 123
Outram, G.W., 157
ovos, 236

Palson, Pal, 128
PAP (proteína amilóide precursora), 193
Parkinson, mal de, 20, 58, 160, 241
Parry, H.B., 54
Pasteur, Louis, 14, 80
Pattison, John, 206-7
Patuxent, Centro de Pesquisa da Vida Selvagem, 60, 70, 72-87
Pauling, Linus, 14, 162n
pediatras, 137
Pesquisas Médicas, Conselho Britânico de, 100, 135-37, 173
Phillips, J., 178
placa, *ver* placa amilóide
placentas humanas, 214
planária, 89
Plurenden Manor, 163-64, 172
polioma, vírus, 115
Poms, Marion, 130
porcos, 213-14, 220, 230
os hábitos alimentares dos fores e os, 5, 8
transgênicos, 237-38
praga, 16
prata, eletrodos de, 129-30
Preston, Richard, 16
primatas, 50, 54, 74, 76, 216
ver também Georgette
prions, 156, 159, 199, 201-2, 230
ver também PrP
Prions, Prions, Prions (Prusiner), 203
Prn-i, 201
proteínas, 102-7
o agente do *scrapie* e as, 114
animais, *ver* farinha de carne e ossos

nucleação anormal de, 194, 205, 244
prion, *ver* PrP
soja, 139, 236
PrP (proteína de prion), 159-62, 184, 191-96, 198-99, 202
anormal, 194-204
forma de, de frango, 230
na SGSS vs. DCJ, 196-97
Prusiner, Stanley, 152-57, 158-60, 169, 188, 198
artigo na *Science* de, 155-56
designação da PrP por, 159-60
manipulações de, 200-203
química, 152-53, 194

raiva, 16
Reed, Walter, 14
Reisinger, Robert C., 76-78
processamento industrial, fábricas de, 164, 170, 223, 230, 235
resos, macacos, 75, 77, 216
Rhodes, Kate, 215
ribossomos, 106
rida, 52-53
Rift Valley, febre de, 60
Rimmer, Beryl, 183-84
Rimmer, Victoria, 183-84, 208

Sandoz Pharma, 238
sangue, transfusão de, 132
Saúde Pública dos EUA, Serviço de, 67-68
Saúde, Institutos Nacionais de, 25, 153
estudo de transmissão pelos chimpanzés, *ver* Georgette
Programa Nacional de Hormônios e Pituitárias dos, 135, 139
Saúde, Ministério Britânico da, 207
Science, 95, 120, 155-57
Scrapie ou doença da tremedeira dos carneiros, 42-49, 152-57
ácido nucléico ausente no, 155
a elasticidade do, 45, 109, 124, 131, 243
a PrP como componente do, 160
auto-reprodução das proteínas e o, 115
"bastões" em amostras de, 149
bombardeio de elétrons no, 110-11
EEB erradamente identificada como, 171, 174-75
em bois, 228
em camundongos, 73, 76, 110, 113
em *hamsters*, 154, 159, 198
estudos de Merz sobre o, 147-52
estudos ingleses sobre o, 42-45, 100-101, 110
fibrilas no, 150-51, 159
forma inoculante de, 58-59, 76
Georgette e o, 83
inoculação acidental de carneiros com a, feita por Gordon, 44
natureza química do, 107

nos Estados Unidos, 54
o kuru comparado ao, 47-48, 52, 109
períodos diferentes de incubação do, 112-13
poder infeccioso do, 44, 172, 175
transmissão do, 132
variações do, 113, 157
Serviço de Pesca e Vida Selvagem dos EUA, 59
Sigurdsson, Björn, 52-53, 128
silicato de alumínio, 244
Sinclair, Upton, 234
Skaggs, Roy, 10
Smadel, Joe, 16-17, 20-23, 24, 27, 39, 47, 52, 56, 60-61, 67, 84, 128
soja, farelo de, 167, 236
Somerville, Robert, 148-51
Southwood, Comissão de, 174-75
Southwood, Sir Richard, 171
Stamp, John, 55, 128
Statham, David, 176
status epilecticus, 32
Stent, Gunther, 125
Stetsonville, Wisconsin, 225-26
substantia nigra, 241
Suíça, 129, 215
Sulima, Mike, 80

Taubes, Gary, 152, 154, 199-201
tecidos, tingimento de, 36, 147
TED (tartatrato de etileno-diamina), 190, 205
Thomas, Lewis, 162
tingimento de tecidos, 36, 147
torresmo, 169-70
toxoplasmose, 68
trabalho dentário, 132
tremores atetóides, 20
tuberculose, 75, 161

ultravioleta, luz, 111
União Européia (UE), 179, 211-12, 218
Unidade Nacional Britânica de Vigilância da DCJ, 205-6, 220

vaca louca, doença da:
a brincadeira da mídia com o, 165
o vírus Ebola comparado ao, xii
ver também encefalopatia espongiforme bovina
vacinas, xii, 12, 60
veados, 229
vegetarianos, 209, 220, 231
Veterinary Record, 165, 180
vidro, pó de, 245
"virino", 158, 161-62, 194, 197
virologia, 153
vírus, 16, 108, 115, 161-62, 195
Ebola, xi-xii
lento, *ver* "vírus lentos"
"vírus lentos", 52-53, 76,m 78, 160
Vonnegut, Kurt, 191, 204-5

Wake, Jean, 208
Wanitabe, 61-62
Watson, James, 103
Weisskopf, Victor, 14
Weissmann, Charles, 160, 197-99

Whitaker, Colin, 163-65, 222
White, David, 238-41
Wilesmith, John, 166, 169
Wilkins, Maurice, 103
Will, Robert, 206-7, 219-22
Wilson, D.R., 109
Wisconsin, surtos da ETM no, 68-70, 225-28

xenotransplantes, 237

Yabaiotu, 24, 25

Zheng Yi, 8
Zigas, Vincent, 10-12, 17, 18, 19, 21, 23, 39, 55, 127-28

CONHEÇA TAMBÉM DA EDITORA CAMPUS:

A VINGANÇA DA TECNOLOGIA
As irônicas conseqüências das inovações mecânicas, químicas, biológicas e médicas
Tenner, E.

A PRÉ-HISTÓRIA DO SEXO
Quatro milhões de anos de cultura sexual
Taylor, T.

DIGERATI
Encontros com a elite digital
Brockman. J.

O PIRATA ELETRÔNICO E O SAMURAI
A verdadeira história de kevin mitnick – e do homem que o caçou na estrada digital
Goodell, J.

NA MALHA DA REDE
Os impactos íntimos da Internet
Nicolaci-da-Costa, A. M.

FOGO NA MENTE
Ciência, fé e a busca da ordem
Johnson, G.

JURASSIC PARK E O MUNDO PERDIDO OU COMO FAZER UM DINOSSAURO
Desalle, R.

O ANIMAL MORAL
Porque somos como somos: a nova ciência da psicologia evolucionista
Wright, R.

O UNIVERSO INFLACIONÁRIO
Um relato irresistível de uma da maiores idéias cosmológicas do século
Guth, A. H.

O FIM DA EVOLUÇÃO
Extensões em massa e a preservação da biodiversidade
Waard, P.

POEIRA VITAL
A vida como imperativo cósmico
Duve, C.

O CÍRCULO DO TEMPO
Um olhar científico sobre viagens não-convencionais no tempo
Novello, M.

SEM MEDO DA FÍSICA
Um guia para você não ficar perdido no espaço
Krauss, L. M.

SEIS CAMINHOS A PARTIR DE NEWTON
As grandes descobertas na física
Speyer, E.

A MENTE NOVA DO REI
Computadores, mentes e as leis da física
Penrose, R.

ARCO ÍRIS, FLOCOS DE NEVE, QUARKS
A física e o mundo que nos rodeia
Von Baeyer, H. C.

HISTÓRIA DA ECOLOGIA
Acot, P.

O DESPERTAR NA VIA LÁCTEA
Uma história da astronomia
Ferris, T.

CAOS
A criação de uma nova ciência
Gleick, J.

AS ERAS DE GAIA
Lovelock, J.

Este livro foi impresso nas oficinas gráficas da
Editora Vozes Ltda.,
Rua Frei Luís, 100 — Petrópolis, RJ,
com filmes e papel fornecidos pelo editor.

A Campus quer ajudar você
a manter-se atualizado!
Para isso, você precisa nos ajudar a
conhecê-lo melhor.
Preencha a ficha de cadastro abaixo e
envie pelo correio ou fax: (021) 507-1991.

Central de Atendimento Campus

☎ 0800-265340

Nome: ____________________

Escolaridade: ____________________

☐ masc. ☐ fem. Data de nascimento: ____/____/____

1) Endereço Residencial: ____________________

Bairro: ________ Cidade: ________ Estado: ________

CEP: ________ Telefone: ________ Fax: ________

Empresa: ____________________

2) Endereço: ____________________

Bairro: ________ Cidade: ________ Estado: ________

CEP: ________ Telefone: ________ Fax: ________

Cargos/Depto: ____________________

Endereço para correspondência (1) ou (2)   **Sua área de interesse é:** ☐ Informática ☐ Negócios ☐ Não-Ficção

Onde compra livros:

☐ Livrarias

☐ Feiras e Eventos

☐ Mala-direta

INFORMÁTICA

☐ Iniciantes ☐ Intermediário ☐ Avançado

assuntos de interesse:

☐ Hardware
☐ Redes e Conectividade
☐ Programação e Linguagem
☐ Análise de Sistemas
☐ Sistemas Operacionais
☐ Aplicativos Gráficos
☐ Planilhas
☐ Processadores de Textos
☐ Bancos de Dados
☐ Multimídia

NEGÓCIOS

assuntos de interesse:

☐ Estratégia
☐ Gestão, Motivação, Liderança
☐ Reorganização e Mudança
☐ Qualidade e Gerência de Serviços
☐ Marketing
☐ Produção e Operações
☐ Finanças e Controle Gerencial
☐ Casos Empresariais
☐ Economia

NÃO-FICÇÃO

☐ Livros Técnicos ☐ Ciências Humanas ☐ Auto-Ajuda